职业技能鉴定指导

ZHIYE JINENG JIANDING ZHIDAO

人力资源和社会保障部教材办公室组织编写

制图员(UG)

（初级 中级 高级）

主　编　李兵华　张　勇

主　审　姚建民

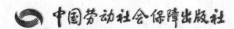中国劳动社会保障出版社

图书在版编目（CIP）数据

制图员：UG：初级、中级、高级/人力资源和社会保障部教材办公室组织编写. —北京：中国劳动社会保障出版社，2012

（职业技能鉴定指导）

ISBN 978 - 7 - 5167 - 0081 - 5

Ⅰ.①制… Ⅱ.①人… Ⅲ.①工程制图-职业技能-鉴定-指导 Ⅳ.①TB23 - 62

中国版本图书馆 CIP 数据核字（2012）第 285115 号

中国劳动社会保障出版社出版发行

（北京市惠新东街 1 号　邮政编码：100029）

出 版 人：张梦欣

*

北京市艺辉印刷有限公司印刷装订　新华书店经销

787 毫米×1092 毫米　16 开本　14.5 印张　280 千字

2013 年 1 月第 1 版　　2013 年 1 月第 1 次印刷

定价：**29.00 元**

读者服务部电话：(010) 64929211/64921644/84643933

发行部电话：(010) 64961894

出版社网址：http://www.class.com.cn

前　言

　　制造业是我国加入 WTO 后为数不多有竞争优势的行业之一。当前世界上正在进行着新一轮的产业调整，一些产品的制造逐渐向发展中国家转移，中国已经成为许多跨国公司的首选之地。中国正在成为世界制造大国，这已经成为不争的事实。制图员正是在这种形势下，为了满足经济发展的需求而产生的。各工程设计院、研究所、机电工厂、企业等均十分需要制图员；近几年，计算机软件绘图已被广泛应用，各种层次的工程技术人员为工作方便也迫切需要学习相关知识。

　　随着科技的进步，现代企业生产涉及的信息量越来越大，信息的共享和关联程度越来越高，企业前期设计过程中所生成的工程图纸，作为产品生命周期（PLM——product lifecycle management）的一个环节，将贯穿于整个产品的全生命周期中。以前的制图员职业主要以传统 CAD 软件为核心，但由于传统 CAD 软件对 PLM 缺乏必要的支持，用它进行工程制图所得的电子文档信息在各职能部门、研制阶段、研制项目之间无法实现有效的信息交流和共享，即使是各自内部的信息化程度很高，但从整个生产过程的角度审视，依旧是一个个"信息孤岛"。因此，在产品研制早期难以将制造性、可靠性、维护性、成本等融入到设计中，造成系统的可制造性、可靠性、维护性较差，后期维修保障成本高。

　　现在，来自 Siemens PLM 的 UG NX 软件可以使企业能够通过新一代数字化产品开发系统实现的向产品全生命周期管理转型的目标。UG NX 软件能与 Siemens PLM 实现完美的集成，它包含了企业中应用最广泛的集成应用套件，可以用于产品设计、工程和制造全范围的开发过程，它可以通过全范围产品检验应用和过程自动化工具，把产品制造早期的从概念到生产的过程都集成到一个实现数字化管理和协同的框架中。因此，可以相信，制图员作为特定的职业，在新的历史时期，有着广阔的发展空间和美好的前途。

为满足制图员职业技能培训鉴定的需要，更好地服务于制图员国家职业资格证书制度的推行工作，我们组织业界实际工作专家、教学工作专家和职业技能鉴定方法专家，对制图员国家职业技能标准进行了深入研究，共同编写了职业技能培训鉴定教材《制图员（UG）（初级 中级 高级）》《制图员（UG）（技师）》，以及配套的职业技能鉴定指导《制图员（UG）（初级 中级 高级）》《制图员（UG）（技师）》，共计4本教材。

本套职业技能培训鉴定教材和职业技能鉴定指导主要内容以《国家职业技能标准·制图员》为依据，坚持"用什么，考什么，编什么"的原则，体现职业特色，突出针对性、典型性、实用性，涵盖制图员职业技能培训鉴定各类典型例题和典型操作，适用于制图员职业技能鉴定前复习强化。

《制图员（UG）职业技能鉴定指导》共分两册，第一册为初级、中级和高级理论知识和操作技能典型例题和典型操作，第二册为技师理论知识和操作技能典型例题和典型操作。

本指导为第一册，全书采用中级（四级）覆盖初级（五级）、高级（三级）覆盖中级和初级的编排方式。申报初级的读者需要掌握第一章和第二章的内容；申报中级的读者需要掌握第一章、第二章和第三章的内容；申报高级的读者需要掌握本书所有章节的内容。

本指导由湖南工业大学李兵华、张勇（排名以姓氏笔画为序）等共同编写，由李兵华、张勇主编，姚建民主审。本书编写分工为：李兵华编写第三章、第四章；张勇编写第一章、第二章。全书由李兵华统稿。另外，湖南省人力资源和社会保障厅职业技能鉴定中心和湖南工业大学对本书的编写提供了大力支持，刘水长同志对本书的编写提供了多方面的协助，在此一并致以衷心的感谢。

由于时间仓促，不足之处在所难免，欢迎广大读者提出宝贵意见和建议。

目 录

第一章　制图员（UG）职业技能鉴定简介

第一节　制图员（UG）职业概述

一、制图员（UG）职业简介

（一）职业名称

制图员（UG）。

（二）职业定义

使用绘图仪器、设备和 UG（Unigraphics NX）绘图软件，根据工程或产品的设计方案、草图和技术性说明，绘制其正图（原图）、底图及其他技术图样的人员。

（三）职业等级

本职业共设四个等级，分别为：

1. 初级（国家职业资格五级）。
2. 中级（国家职业资格四级）。
3. 高级（国家职业资格三级）。
4. 技师（国家职业资格二级）。

（四）职业环境

室内，常温。

（五）职业能力特征

具有一定的空间想象能力、语言表达能力、计算能力、计算机操作能力，手指灵活、色觉正常。

（六）基本文化程度

高中毕业（或同等学历）；高校在读本、专科学生；取得高级技工学校或经人力资源和社会保障行政部门审核认定的、以高级技能为培养目标的高等职业学校与本职业相关专业毕业证书的人员；正在或将要在生产和设计单位从事设计或绘图工作的技术人员。

（七）职业前景

当前世界上正在进行着新一轮的产业调整，一些产品的制造逐渐向发展中国家转移，中国已经成为许多跨国公司的首选之地。中国成为世界制造大国已经成为不争的事实。中央明确地提出要以信息化带动工业化。"十二五"期间，实施制造业信息化工程，希望达到四个目标：一是要突破重大关键技术，形成一批具有自主知识产权制造业信息化的产品；二是要建立一批制造业运用示范企业和示范工程，并且通过辐射效应形成整个制造业的竞争力；三是要结合实施制造业信息化工程，培育若干相关的新型软硬件产业和新型服务；四是培养一批人才，推进和打造一支信息化的基本队伍。制图员职业鉴定项目正是在这种形势下，为了满足经济发展的需求而产生的。制图员在各工程设计院、研究所、机电工厂、企业等单位均十分需要。近几年，计算机软件绘图已被广泛应用，各种层次的工程技术人员为工作方便也迫切需要学习。UG 使企业能够通过新一代数字化产品开发系统实现向产品全生命周期管理转型的目标。UG 包含了企业中应用最广泛的集成应用套件，用于产品设计、工程和制造全范围的开发过程，在现代化的企业里有着广泛的应用。因此，可以相信，制图员（UG）作为特定的职业，在新的历史时期有着广阔的发展空间和美好的前途。

二、制图员（UG）职业技能鉴定概述

制图员（UG）职业技能鉴定是以制图员（UG）国家职业技能标准为依据，在人力资源和社会保障行政部门领导下，由职业技能鉴定中心组织实施，依托职业技能鉴定所（站），开展对制图员（UG）从业人员技能水平的评价和认定。是一种专门从事衡量从业人员职业能力水平的标准参照型考试。

制图员（UG）职业技能鉴定考试分为理论知识考试和操作技能考核两部分。理论知识考试采用书面闭卷笔答、统一评分的形式进行。主要考查从业人员对职业道德、绘制二维图、绘制三维图、图档管理等方面的理论知识的理解和掌握程度。考试时间 120 分钟，考试满分 100 分，60 分为及格。操作技能考核主要考查从业人员用计算机绘图软件（UG）绘制二维草图、绘制三维图、绘制工程图、产品装配、曲面造型等方面的实际操作技能。操作技能考核时间 180 分钟，考核满分 100 分，60 分为及格。

三、申报者的基本要求

（一）申报者适用对象

从事或准备从事制图员（UG）职业的人员。

（二）申报者应具备的条件

1. 初级（具备以下条件之一者）

（1）经本职业初级正规培训达规定标准学时数，并取得毕（结）业证书。

（2）在本职业连续见习工作2年以上。

（3）本职业学徒期满。

2. 中级（具备以下条件之一者）

（1）取得本职业初级职业资格证书后，连续从事本职业工作2年以上，经本职业中级正规培训达规定标准学时数，并取得毕（结）业证书。

（2）取得本职业初级职业资格证书后，连续从事本职业工作3年以上。

（3）连续从事本职业工作5年以上。

（4）取得经人力资源和社会保障行政部门审核认定的、以中级技能为培养目标的中等以上职业学校本职业（专业）毕业证书。

3. 高级（具备以下条件之一者）

（1）取得本职业中级职业资格证书后，连续从事本职业工作2年以上，经本职业高级正规培训达规定标准学时数，并取得毕（结）业证书。

（2）取得本职业中级职业资格证书后，连续从事本职业工作3年以上。

（3）取得高级技工学校或经人力资源和社会保障行政部门审核认定的、以高级技能为培养目标的高等职业学校本职业（专业）毕业证书。

（4）取得本职业中级职业资格证书的大专以上本专业或相关专业毕业生，连续从事本职业工作2年以上。

4. 技师（具备以下条件之一者）

（1）取得本职业高级职业资格证书后，连续从事本职业工作3年以上，经本职业技师正规培训达规定标准学时数，并取得毕（结）业证书。

（2）取得本职业高级职业资格证书后，连续从事本职业工作5年以上。

（3）取得本职业高级职业资格证书的高级技工学校本职业（专业）毕业生，连续从事本职业工作2年以上。

第二节　制图员（UG）职业技能鉴定的试卷构成

一、理论知识考试的试卷构成

本职业五级、四级、三级理论知识考试采用标准化试卷，其中五级、四级考试试卷有"单项选择题"和"判断题"两类题型，三级考试试卷增加了"多项选择题"题型。五级、四级、三级制图员（UG）理论知识考试试卷的题型、题量与配分方案见表1—1。

表 1—1　　　　　　　　理论知识考试试卷的题型、题量与配分方案

	判断题		单项选择题		多项选择题		合计	
	比重（%）	题量	比重（%）	题量	比重（%）	题量	比重（%）	题量
五级	40	40	60	60	0	0	100	100
四级	30	30	70	70	0	0	100	100
三级	30	30	50	50	20	20	100	100

　　判断题为正误判断题型，每题 1 分。单选题为"四选一"题型，即每道题有四个选项，其中只有一个选项为正确选项，每题 1 分。多选题每道题有五个选项，其中有两个或两个以上选项为正确选项，每题 1 分。

　　理论知识考试试卷由试题卷和答题卡组成。采用试卷答题时，作答选择题，应按要求在括号中填写正确选项的字母；作答判断题，应根据对试题的分析判断，在括号中画"√"或"×"。采用答题卡答题时，答题卡上的考试类别、准考证号码、判断题、单项选择题、多项选择题要求用 2B 铅笔将对应答案涂黑，考试结束后，由计算机统一阅卷并评分。姓名、职业要求用钢笔或圆珠笔填写。具体答题要求，在考试前，考评人员会做详细说明。

二、操作技能考核的试卷构成

　　本职业五级、四级、三级操作技能考核试卷采用项目式，分为草绘图形、创建三维模型、生成零件工程图、产品装配、曲面设计五个项目，其中五级和四级不考核曲面设计项目。考核形式为实操。制图员（UG）操作技能考核试卷的题型与配分方案见表 1—2。

表 1—2　　　　　　　　操作技能考核试卷的题型与配分方案

	草绘图形题	创建三维模型题	生成零件工程图题	产品装配题	曲面设计题	合计
五级	10	35	30	25	0	100
四级	10	35	30	25	0	100
三级	10	25	25	20	20	100

第三节　制图员（UG）职业技能鉴定题型及特点

一、理论知识考试题型及特点

　　理论知识考试试题由单项选择题、多项选择题、判断题三类试题组成。

（一）单项选择题

试题给出四个备选答案，其中只有一个是正确的答案。要求从四个备选答案中选择最合适的答案，将答案编号填入答题卡中。

（二）多项选择题

试题给出五个备选答案，其中只有两个或两个以上选项是正确的答案。要求从备选答案中选择正确的答案，将答案编号填入答题卡中。多答、少答、答错都不得分。多项选择题主要考查从业人员识记和领会能力，同时也考查其简单应用甚至综合应用的能力。

（三）判断题

试题给出对一个问题的叙述，要求从业人员判断该叙述正确与否，并将答案填入答题卡中。

二、操作技能考核试题及特点

制图员（UG）操作技能考核主要考核考生的计算机绘图能力，要求考生熟练掌握计算机绘图软件（UG）的用法，并且能够在规定时间内用该软件完成草绘图形、三维模型创建、零件工程图、产品装配、曲面设计等内容。初级和中级操作技能考核试卷有草绘图形、创建三维模型、生成零件工程图和产品装配4个题目，具体考核要求见表1—3。高级操作技能考核试卷有草绘图形、创建三维模型、生成零件工程图、产品装配和曲面设计5个题目，具体考核要求见表1—4。

表1—3 初级、中级操作技能考核要求及评分标准

考核项目	主要内容	考核要求	评分标准	配分
草绘图形	1. 图形形状	绘制图样1所示图形	1. 线条形状每错1处扣1分 2. 线条形状错5处以上，此项得0分	3
	2. 尺寸	按图样1所示标注尺寸	1. 漏标或错标尺寸，每处扣1分 2. 漏标或错标超过5处，此项得0分	3
	3. 约束	按照图样1所示设定线条间应有的约束关系	约束关系错误，每处扣1分 约束关系错误超过3处，此项得0分	2
	4. 其他	1. 删除多余线条	未将多余线条删除干净扣1分	2
		2. 按试卷规定存盘	未按试卷规定存盘扣1分	
创建三维模型	1. 模型形状	按照图样2所示形状，创建三维模型	1. 形状特征每错1处扣1分 2. 形状特征每少造型1处扣1分 3. 形状特征错10处以上，此项得0分	23
	2. 尺寸	按图样2所示设定特征尺寸	1. 特征尺寸每错1处扣1分 2. 特征尺寸错误超过10处，此项得0分	10
	3. 存盘	按试卷规定存盘	未按试卷规定存盘扣2分	2

考核项目	主要内容	考核要求	评分标准	配分
生成零件工程图	1. 视图表达	按图样3所示完成零件视图生成	1. 视图表达不清楚或不完整每处扣2分 2. 视图表达不清楚或不完整处超过5处，此项得0分	10
	2. 尺寸	按图样3所示标注视图尺寸及公差	1. 漏标或错标尺寸，每处扣1分 2. 特征尺寸错误超过10处，此项得0分	10
	3. 形位公差	按图样3所示标注视图形位公差	错标或漏标1处扣2分，扣完此项配分为止	2
	4. 表面粗糙度	按图样3所示标注视图表面粗糙度	错标或漏标1处扣2分，扣完此项配分为止	2
	5. 技术要求	按图样3所示标注技术要求	标注不正确扣2分	2
	6. 图框、标题栏	按图样制作、填写图框、标题栏	1. 图框不正确或未制作图框扣1分 2. 标题栏不正确或未制作标题栏扣1分 3. 标题栏填写不完整扣1分	2
	7. 存盘	按试卷规定存盘	未按试卷规定存盘扣2分	2
产品装配	1. 零部件装配	按图样4所示结构装配零部件	1. 漏装1处零部件扣3分 2. 装配关系不正确每处扣2分 3. 漏装或错装超过4处，此项得0分	23
	2. 存盘	按试卷规定存盘	未按试卷规定存盘扣2分	2

注：表中图样1至图样4分别对应第二章第四节初级操作技能模拟试卷（1）（2）和第三章第四节中级操作技能模拟试卷（1）（2）中所标示的图样1至图样4。

表1—4　　　　　高级操作技能考核要求及评分标准

考核项目	主要内容	考核要求	评分标准	配分
草绘图形	1. 图形形状	绘制图样1所示图形	1. 线条形状每错1处扣1分 2. 线条形状错5处以上，此项得0分	3
	2. 尺寸	按图样1所示标注尺寸	1. 漏标或错标尺寸，每处扣1分 2. 漏标或错标超过5处，此项得0分	3
	3. 约束	按照图样1所示设定线条间应有的约束关系	1. 约束关系错误，每处扣1分 2. 约束关系错误超过2处，此项得0分	2
	4. 其他	1. 删除多余线条	未将多余线条删除干净扣1分	2
		2. 按试卷规定存盘	未按试卷规定存盘扣1分	
创建三维模型	1. 模型形状	按照图样2所示形状，创建三维模型	1. 形状特征每错1处扣1分 2. 形状特征每少造型1处扣1分 3. 形状特征错10处以上，此项得0分	13

续表

考核项目	主要内容	考核要求	评分标准	配分
创建三维模型	2. 尺寸	按图样2所示设定特征尺寸	1. 特征尺寸每错1处扣1分 2. 特征尺寸错误超过10处，此项得0分	10
	3. 存盘	按试卷规定存盘	未按试卷规定存盘扣2分	2
生成零件工程图	1. 视图表达	按图样3所示完成零件视图生成	1. 视图表达不清楚或不完整每处扣2分 2. 视图表达不清楚或不完整超过4处，此项得0分	8
	2. 尺寸	按图样3所示标注视图尺寸及公差	1. 漏标或错标尺寸，每处扣1分 2. 特征尺寸错误超过7处，此项得0分	7
	3. 形位公差	按图样3所示标注视图形位公差	错或漏标1处扣2分，扣完此项配分为止	2
	4. 表面粗糙度	按图样3所示标注视图表面粗糙度	错或漏标1处扣2分，扣完此项配分为止	2
	5. 技术要求	按图样3所示标注技术要求	标注不正确扣2分	2
	6. 图框、标题栏	按图样制作、填写图框、标题栏	1. 图框不正确或未制作图框扣1分 2. 标题栏不正确或未制作标题栏扣1分 3. 标题栏填写不完整扣1分	2
	7. 存盘	按试卷规定存盘	未按试卷规定存盘扣2分	2
产品装配	1. 零部件装配	按图样4所示结构装配零部件	1. 漏装1处零部件扣3分 2. 装配关系不正确每处扣2分 3. 漏装或错装超过4处，此项得0分	18
	2. 存盘	按试卷规定存盘	未按试卷规定存盘扣2分	2
曲面设计	1. 曲面设计	按图样5所示形状使用曲面功能完成造型	曲面形状错误或少1个特征扣1分，扣完6分为止	6
			结构尺寸错误或少1个尺寸扣1分，扣完6分为止	6
			面组连接的光滑度按试题要求酌情给分、扣分	6
	2. 存盘	按试卷规定存盘	未按试卷规定存盘扣2分	2

注：表中图样1至图样5对应第四章第四节高级操作技能模拟试卷（1）（2）中所标示的图样1至图样5。

第四节 应 试 技 巧

一、理论知识考试的应试技巧

（一）复习

技能鉴定理论考试注重对考生平时知识积累的考查，所以考生平时复习必须注重知识的积累，扩大知识面，做到"广积粮"，重视知识网络的构建，考试时才能得心应手，游刃有余。

在夯实基础的同时培养综合分析的能力，培养灵活运用所学知识解决问题的能力。注重知识比较，找出区别或联系，建立充足的知识和能力储备。加强解题思路训练，要养成认真审题的良好习惯，力求准确领会试题的要求，明确解题的方向。要注意区分试题的类型，坚持按类型特点确定解题思路，要高度重视对"干扰项"的辨识和"可疑项"的分析，以排除干扰和疑点，彻底弄明白选择或不选的理由，是提高解题能力的重要一环，也是强化解题思路训练的一项必不可少的内容。

加强细节训练，养成认真审题的习惯。认真审题，有助于消除思维定式，培养思维的灵活性和周密性。

努力提高训练质量，做到做必通，搞清楚题干、选择项的具体内容，所涉及的其他相关问题和知识等。同时要努力提高自己的水平，提高自己的识别能力。

考生还应有针对性地进行速度训练，使自己能在有限的时间内答对更多的题目，提高整份试卷的得分率。

考试时良好的发挥，需要建立在条理化和系统化的知识结构，良好的睡眠、营养以及临考时的身心状况之上。保持适当的紧张情绪，考场上情绪过分紧张或满不在乎都不能考出好成绩，只有保持适当的紧张度，才能集中精力，思维敏捷。考生还要学会正确地评价自己，根据自己的实际情况，发挥长处，考出最高水平。

掌握答题原则和正确方法，科学分配答题时间。如根据"先易后难，先快后慢"的原则答题等。针对不同类型的试题，具有不同的应对技巧。

（二）单项选择题应试技巧

单项选择题一般是由题干和四个备选答案组成，答题要在四个备选答案中选出一个正确的或是最恰当的答案。单项选择题主要考查考生掌握基本概念、基本理论的准确性，以及考生的识记能力及判断、理解能力。

单项选择题答题关键是要选准确。答题时首先要审题干，弄清楚题干的内容和要求，准确把握所考查的知识点，确定题目的规定性，明确题目要求和答题方向。很多考生在选择题上丢分往往是因为审查题干不清所致。审查题肢（选项），特别要注意其关键词语，看看题肢的观点是否正确，之后再和题干的要求联系，决定题肢的取舍，选出最恰当的答案。

单项选择题答题时可直接选出正确答案，多数题目从题干的表述就可直接判断正确选项；还可以采用排除法，即对所给的四个选择答案不能准确地判定正误时，可以采用逐一排除干扰项的办法，找出最符合题意的选项。排除法主要有三种：排除观点错误或部分观点错误的题肢，排除观点虽然正确但与题干无关的题肢，排除题肢与题干的共性或个性逻辑不符的题肢。总之，在仔细分辨的基础上，不难排除不符合题干要求的选项，作出正确选择。

单项选择题是考试中最简单的题型，能力层次要求低，难度低，容易回答。需要注意的是，正确答案只有一项是正确的或最恰当的，不能多选，也不能写成 A 或 B 模棱两可，否则就不能得分。

（三）多项选择题应试技巧

多项选择题也叫不定项选择题，由题干和五个备选答案组成。其中正确答案的数量是不确定的，从两个到五个都有可能。完全选对才能得分，多选、少选、选错均不能得分，这就增加了得分的难度。

多项选择题比单项选择题难度稍大。单项选择题是四选一，四个选项中只有一个是正确的，或只有一个最佳答案，因而选择失误的可能性小一些。而多项选择题没有固定的思维方向，通常是五个选项中选择两个或两个以上答案，答题者必须对五个选项都作出正确的判断，答案往往内容相似、相近，真真假假，极容易出错，即便是考查同样的知识，多项选择题的难度也比单项选择题大。多项选择题的多种测试功能更为突出，这就要求考生对基本概念、基本原理不能死记硬背，要能够把不同章节的概念和原理联系起来理解，做到融会贯通，学会在实际中应用。

多项选择题对考生的能力层次要求高，评价更准确，减少了单项选择题中经常使用的猜、估、蒙的可能性，其得分多少更能反映答题者的真实水平。

多项选择题的答题方法可以参照单项选择题的答题方法。首先是审清题干，直接确定最佳选项。这种方法要求学生基础知识牢固，总结分析能力强。排除法是在不能准确断定正确答案时所采用的一种逆向思维判断法，通常适用于明确能够推理出有两个不正确的答案的情况下所采取的方法。还可以认真分析各选项之间存在的逻辑关系，通过逻辑上是否存在矛盾以进一步断定所选各项的正确性。考生在使用了以上几种方法仍然不能确定答案的情况下，应该相信自己的第一印象和判断，这种方法尽管没有充分的理由，但由多次考试的实践中其被证明最适合用来选择最难的选择题，第一印象的正确率往往比以后的判断或选择要高。

（四）判断题应试技巧

判断题的命题通常是一些比较重要的或基础的概念、事实、原理和结论，要求考生运用所学的理论知识，准确地辨别、判断命题中的观点或论断正确与否。判断题的特点是"迷惑视听""制造混乱"，其表述往往似是而非，给人造成一种假象，让人一下子弄不清题意难以做出准确判断。所以，判断题用以考查考生的思维、判断能力。

做判断题要认真审题，逐字逐句品味分析，明确题目所要表达的本意是什么；字斟句酌，反复推敲，抓住关键词语溯本求源；以严谨的态度，进行缜密的分析与机智的判断。

判断题中有的试题语句很长，字词较多，包含很多各自可以独立存在的内容。其中有的表述正确，有的不正确，考生应针对试题的整体内容做出正确的判断，主要看其观点是否正确，只有观点正确才是对的，观点不正确或者似是而非，一部分对、一部分错，或观点表述不完整，整道试题便应被视为错误。

解答判断题的关键在于考生能否正确地找出或辨析试题的设错方式。命题人员在编制试题时采用多种多样的设错方法和技巧。如事实错、前提错、逻辑错、隶属关系错以及概念使用、词语表达错等。事实错是指某一命题所表述的意思违反了事实真相；前提错则是指所给出的前提无法推断出命题的结论。总之，考生在解答时必须仔细辨析命题的设错方式，避免被一些干扰因素所迷惑。

二、操作技能考核的应试技巧

制图员（UG）操作技能考核要取得好的成绩，关键在于多练习，即考生通过对相关操作技能进行不断的重复训练，并在这个过程中逐步积累经验，达到熟练地掌握操作技能的目的。

考生拿到试卷后，首先大致看一下所有试题的内容，根据自己的实际水平，合理地分配每道试题的考试时间。考试过程中要充分发挥自己的优势，首先做比较有把握完成的试题，对于不是特别擅长的试题放到最后再完成，不要在不擅长的试题和图形中局部细节上花费过多的时间。

（一）草绘图形题应试技巧

考生首先要熟练掌握计算机绘图软件（UG）草图模块绘制二维草图的方法，能够在草图模块中绘制直线、圆弧、曲线等基本要素，掌握曲线编辑、曲线修剪、尺寸标注、草图约束等功能。

考试时针对草绘图形题，首先要看清题目的要求，规划好绘制图形的步骤和方法，再在计算机上操作完成草绘图形的绘制。绘制方法可参考如下步骤：

1. 启动计算机绘图软件（UG），设定好工作目录，创建新的部件模型。

2. 进入建模环境中的草图模块，首先绘制图形中主要的基准线，如尺寸基准线、对称线等。

3. 绘制主要的轮廓线，标注并修改尺寸，添加必要的草图约束，完成图形主体轮廓。

4. 绘制局部细节部分的轮廓线，标注并修改尺寸，添加必要的草图约束，完成图形局部细节。

5. 检查绘制完成的图形是否符合试题要求，修改完善后按规定存盘。

（二）创建三维模型题应试技巧

考生首先要熟练掌握计算机绘图软件（UG）绘制三维模型的方法，能够绘制长方体、圆柱体、圆锥体、圆球体等基本体，掌握拉伸、旋转、扫描等实体造型方法，掌握实体倒角、倒圆角、孔特征等附加特征造型方法。

考试时针对创建三维模型题，首先要看清题目的要求，规划好绘制图形的步骤和方法，再在计算机上操作完成三维模型的绘制。绘制方法可参考如下步骤：

1. 启动计算机绘图软件（UG），设定好工作目录，创建新的部件模型。

2. 进入建模环境，首先采用基本体、拉伸、旋转、扫描等实体造型方法，完成主体造型。

3. 采用拉伸、旋转、扫描等去除材料的方法，如打孔、切割等，去除主体上多余的材料。

4. 采用倒角、倒圆角等方法，完成三维模型局部细节的造型。

5. 检查绘制完成的图形是否符合试题要求，修改完善后按规定存盘。

（三）生成零件工程图题应试技巧

考生首先要熟练掌握计算机绘图软件（UG）绘制零件工程图的方法，能够根据已经完成的三维模型绘制出零件的各个视图、标注尺寸、绘制图框和标题栏等。

考试时针对生成零件工程图题，首先要看清题目的要求，规划好绘制图形的步骤和方法，再在计算机上操作完成零件工程图的绘制。绘制方法可参考如下步骤：

1. 启动计算机绘图软件（UG），打开指定的零件三维模型文件（试卷已经提供，不用自行绘制）。

2. 进入制图环境，选择图纸尺寸规格、绘图比例、尺寸单位和投影方式。

3. 插入主视图、俯视图、左视图（根据题目实际要求插入规定的视图）。

4. 完成剖视图、局部剖视图的绘制。

5. 标注尺寸、表面粗糙度、形位公差、技术要求等。

6. 绘制图框、标题栏等。

7. 检查绘制完成的图形是否符合试题要求，修改完善后按规定存盘。

（四）产品装配题应试技巧

考生首先要熟练掌握计算机绘图软件（UG）进行零件装配的方法，能够将产品中的各个零件按正确的约束方式和位置关系装配成产品。

考试时针对产品装配题，首先要看清题目的要求，规划好零件装配的顺序和步骤，再在计算机上操作完成产品的装配。产品中每个零部件的三维模型已经随试题提供，不用另行绘制。产品装配方法可参考如下步骤：

1. 启动计算机绘图软件（UG），设定好工作目录，创建新的部件模型。

2. 进入装配环境，装配第一个零件（一般为产品中的主体零件），约束方式为绝对原点定位。

3. 按照产品中零件的装配位置关系，采用配对、对齐等约束方式，顺次装配其他零部件。

4. 检查装配完成的图形是否符合试题要求，修改完善后按规定存盘。

（五）曲面设计题应试技巧

考生首先要熟练掌握计算机绘图软件（UG）绘制曲面的方法，能够采用拉伸、旋转、扫描等方法生成片体曲面，能够创建直纹曲面、曲线组曲面、曲线网络曲面等，掌握曲面编辑和曲面生成实体的方法。

试卷中的曲面设计题一般只给出了图形的外观形状，没有标注具体的尺寸，考生建模时可以自行确定图形的尺寸大小，但要保持各部分大致的比例关系，最后绘制的曲面图形要尽量接近试卷中图形的形状，差别不能太大。

考试时针对曲面设计题，首先要看清题目的要求，规划好绘制图形的步骤和方法，再在计算机上操作完成曲面的设计。绘制方法可参考如下步骤：

1. 启动计算机绘图软件（UG），设定好工作目录，创建新的部件模型。

2. 进入建模环境，绘制主轮廓曲面所需的多条曲线。

3. 采用曲面建模方法生成主轮廓曲面。

4. 对主轮廓曲面进行编辑修改，添加局部细节。

5. 采用镜像、阵列等方法创建形状相同而位置不同的多个曲面（根据图形需要）。

6. 检查绘制完成的图形是否符合试题要求，修改完善后按规定存盘。

第二章　初级制图员（UG）

第一节　学习要点

一、初级制图员（UG）的工作要求

初级制图员（UG）工作项目主要有绘制二维图、绘制三维图、图档管理等，其工作内容、技能要求和相关知识，见表2—1。

表2—1　　　　　　　　　　　初级制图员（UG）的工作要求

职业功能	工作内容	技能要求	相关知识
一、绘制二维图	（一）描图	能描绘墨线图	描图的知识
	（二）手工绘图	1. 能绘制内、外螺纹及其连接图 2. 能绘制和阅读轴类、盘盖类零件图	1. 几何绘图知识 2. 三视图投影知识 3. 绘制视图、剖视图、断面图的知识 4. 尺寸标注的知识 5. 专业图的知识
	（三）计算机绘图	1. 能使用一种软件绘制简单的二维图形并标注尺寸 2. 能使用打印机或绘图机输出图纸	1. 调出图框、标题栏的知识 2. 绘制直线、曲线的知识 3. 曲线编辑的知识 4. 文字标注的知识
二、绘制三维图	描图	能描绘正等轴测图	绘制正等轴测图的基本知识
三、图档管理	（一）图纸折叠	能按要求折叠图纸	折叠图纸的要求
	（二）图纸装订	能按要求将图纸装订成册	装订图纸的要求

注：参照《制图员国家职业技能标准》

二、初级制图员（UG）理论知识鉴定要素细目表（见表2—2）

表2—2　　　　　　　　　　初级制图员（UG）理论知识鉴定要素细目表

鉴定范围								鉴定点		
一级			二级			三级				
代码	名称	鉴定比重	代码	名称	鉴定比重	代码	名称	鉴定比重	代码	名称	重要程度

代码	名称	鉴定比重	代码	名称	鉴定比重	代码	名称	鉴定比重	代码	名称	重要程度
A	基本要求	30	A	职业道德	5	A	职业道德	3	001	道德的含义	X
									002	职业道德的概念	X
									003	职业道德与社会道德体系的关系	X
									004	职业道德的调节作用	Y
									005	职业道德对道德形成的作用	Y
									006	制图员的职业道德	X
						B	职业守则	2	001	热爱祖国，热爱社会主义	X
									002	忠于职守，爱岗敬业的含义	X
									003	讲究质量，注重信誉的含义	X
									004	积极进取，团结协作的含义	X
									005	遵纪守法，讲究公德的含义	X
			B	基础知识	25	A	制图的基本知识	15	001	图纸幅面	X
									002	图纸幅面尺寸	X
									003	图框格式	X
									004	标题栏	X
									005	比例	X
									006	字体的号数	X
									007	字体的宽度	X
									008	斜体字	X
									009	粗线与细线的宽度	X
									010	常用的图线线型	X
									011	粗实线	X
									012	细实线	X
									013	虚线	X
									014	细点画线	X
									015	两段线相交处的画法	X
									016	尺寸	X

续表

鉴定范围								鉴定点		
一级			二级			三级				
代码	名称	鉴定比重	代码	名称	鉴定比重	代码	名称	鉴定比重	代码	名称	重要程度

代码	名称	鉴定比重	代码	名称	鉴定比重	代码	名称	鉴定比重	代码	名称	重要程度
A	基本要求	30	B	基础知识	25	A	制图的基本知识	15	017	尺寸的组成	X
									018	尺寸线终端形式	X
									019	尺寸界线	X
									020	尺寸线	X
									021	尺寸数字	X
									022	圆的直径尺寸的标注	X
									023	圆弧半径尺寸的标注	X
									024	球面尺寸的标注	X
									025	角度尺寸的标注	X
									026	铅芯的硬度	X
									027	铅芯削磨形状	Y
									028	画图时铅笔保持的姿势	Y
									029	使用丁字尺画水平线的方法	Y
									030	使用丁字尺画垂直线或倾斜线的方法	Y
									031	使用圆规画圆的方法	X
									032	圆规使用铅芯的硬度规格	Y
									033	用圆规画大圆的方法	Y
							B	投影法的基本知识	5	001	投影法的概念	X
									002	投影法的种类	X
									003	中心投影法的概念	X
									004	平行投影法的概念	X
									005	正投影法的概念	X
									006	工程上常用的投影的种类	X
									007	多面正投影的特点	X
									008	斜投影的概念	X
									009	轴测投影的概念	X
									010	透视投影的概念	Y

鉴定范围								鉴定点		
一级			二级			三级				
代码	名称	鉴定比重	代码	名称	鉴定比重	代码	名称	鉴定比重	代码	名称	重要程度

代码	名称	鉴定比重	代码	名称	鉴定比重	代码	名称	鉴定比重	代码	名称	重要程度
A	基本要求	30	B	基础知识	25	C	计算机绘图的基本知识	2	001	微型计算机绘图系统的硬件构成	X
									002	计算机绘图使用的绘图软件	X
									003	计算机绘图系统的硬件	X
									004	计算机绘图的方法	X
									005	打印机的类型	Y
						D	专业图样的基本知识	2	001	零件图的内容	X
									002	零件的分类	X
									003	装配图的内容	X
									004	装配图的作用	X
						E	相关法律法规知识	1	001	劳动合同的概念	Y
									002	劳动者解除劳动合同的规定	Y
									003	用人单位解除劳动合同的规定	Y
									004	工资	Y
B	相关知识	70	A	绘制二维图	55	A	描图	5	001	描图的常用工具	X
									002	描图的一般程序	X
									003	描图的步骤	X
									004	描图的校对方法	X
									005	修图中常用的方法	X
									006	描图中描大圆的方法	X
									007	鸭嘴笔	X
									008	鸭嘴笔的加墨量	Y
									009	用鸭嘴笔描线的方法	X
									010	针管笔	X
									011	描图纸上出现错画线和墨渍的处理方法	X
						B	手工绘制二维图	37	001	斜度的概念	X
									002	锥度的概念	X
									003	斜度的符号	X
									004	锥度的符号	X
									005	圆内接正六边形作图方法	X
									006	用圆弧连接两已知线段的种类	X

鉴定范围									鉴定点		
一级			二级			三级					
代码	名称	鉴定比重	代码	名称	鉴定比重	代码	名称	鉴定比重	代码	名称	重要程度
									007	圆弧连接两已知非正交直线方法	X
									008	圆弧连接两已知正交直线方法	X
									009	圆弧外连接两已知圆弧和直线方法	X
									010	圆弧外连接两已知圆弧方法	X
									011	圆弧内连接两已知圆弧方法	X
									012	平面图形中尺寸的类型	X
									013	平面图形中按尺寸齐全与否线段的种类	X
									014	平面图形的作图步骤	X
									015	三投影面体系的投影面	X
									016	三投影面体系投影面的代号	X
									017	三投影面展开时水平投影面的旋转	X
									018	三投影面展开时侧投影面的旋转	X
									019	物体的三视图	X
B	相关知识	70	A	绘制二维图	55	B	手工绘制二维图	37	020	主视图	X
									021	俯视图	X
									022	左视图	X
									023	俯视图与主视图之间的投影规律	X
									024	主视图与左视图之间的投影规律	X
									025	俯视图与左视图之间的投影规律	X
									026	基本几何体的分类	X
									027	正棱柱的形体特点	X
									028	正棱锥的形体特点	X
									029	正棱柱的投影	X
									030	正棱锥的投影	X
									031	圆柱体三视图的几何特点	X
									032	正圆锥体三视图的投影特点	X
									033	圆球的三面投影特点	X
									034	棱柱体的尺寸标注	X
									035	棱锥体的尺寸标注	X

续表

鉴定范围									鉴定点		
一级			二级			三级					
代码	名称	鉴定比重	代码	名称	鉴定比重	代码	名称	鉴定比重	代码	名称	重要程度
									036	圆柱体的尺寸标注	X
									037	圆锥体的尺寸标注	X
									038	球体的尺寸标注	X
									039	带切口立体的尺寸标注	X
									040	圆柱体截交线的种类	X
									041	直径不等的两圆柱体轴线垂直相交时，相贯线投影的画法	X
									042	组合体	X
									043	两形体表面相接处的分界线	X
									044	两形体相切组合时相切处的分界线	X
									045	两形体相交组合时相交处的交线	X
									046	组合体尺寸标注的基本要求	X
									047	组合体标注尺寸的尺寸基准	X
B	相关知识	70	A	绘制二维图	55	B	手工绘制二维图	37	048	组合体的尺寸基准和辅助尺寸基准之间的联系	X
									049	组合体尺寸标注尺寸齐全的要求	X
									050	组合体尺寸标注尺寸清晰的要求	X
									051	基本视图	X
									052	基本视图的投影规律	X
									053	基本视图的配置	X
									054	右视图中物体的方位关系	Y
									055	后视图中物体的方位关系	Y
									056	仰视图中物体的方位关系	Y
									057	局部视图	X
									058	局部视图的断裂边界线	X
									059	局部视图的位置	X
									060	局部视图的标注	X
									061	剖视图	X
									062	剖视图的分类	X
									063	剖视图中剖切面的形式	X

鉴定范围									鉴定点		
一级			二级			三级					
代码	名称	鉴定比重	代码	名称	鉴定比重	代码	名称	鉴定比重	代码	名称	重要程度
B	相关知识	70	A	绘制二维图	55	B	手工绘制二维图	37	064	剖视图的标注	X
									065	剖视图中的剖面符号	X
									066	全剖视图	X
									067	剖视图的视图表达规定	X
									068	全剖视图的适用范围	X
									069	半剖视图	X
									070	半剖视图的分界线	X
									071	局部剖视图	X
									072	局部剖视图的分界线	X
									073	局部剖视图中绘制波浪线的注意事项	X
									074	断面图	X
									075	断面图的种类	X
									076	移出断面图的轮廓线	X
									077	移出断面图的位置	X
									078	按投影关系配置的移出断面图的绘制规定	X
									079	重合断面图	X
									080	重合断面图的轮廓线	X
									081	重合断面图的标注	X
						C	计算机绘制二维图	3	001	计算机绘图软件用户界面的组成部分	Y
									002	使用计算机绘图时发出命令的途径	X
									003	基本鼠标操作	X
									004	文件操作	X
									005	重做及撤销命令操作	Y
									006	窗口菜单命令操作	Y
									007	草图	X
									008	草图约束	X
						D	机械工程图	10	001	零件的分类	X
									002	零件主视图的选择原则	X
									003	零件图其他视图的选择原则	X

鉴定范围									鉴定点		
一级			二级			三级					
代码	名称	鉴定比重	代码	名称	鉴定比重	代码	名称	鉴定比重	代码	名称	重要程度
B	相关知识	70	A	绘制二维图	55	D	机械工程图	10	004	轴套类零件	X
									005	轴套类零件的主视图	X
									006	轴套类零件其他视图的选择	X
									007	盘盖类零件	X
									008	盘盖类零件的主视图	X
									009	盘盖类零件的左视图	X
									010	零件图的尺寸标注原则	X
									011	零件图上常用的尺寸基准	X
									012	零件图上标注尺寸的要求	X
									013	螺纹的结构要素	X
									014	螺纹的公称直径	X
									015	螺纹的旋向	Y
									016	外螺纹的规定画法	X
									017	内螺纹的规定画法	X
									018	内外螺纹旋合部分的画法	X
									019	螺纹代号	X
									020	表面粗糙度	X
									021	尺寸公差	X
									022	形位公差	X
				B	绘制三维图	10	A	手工绘制轴测图	7	001	正轴测投影	X
									002	正轴测投影的轴间角	X
									003	正等轴测图的轴向简化系数	X
									004	轴测图的类型	X
									005	正等轴测图直角坐标轴与轴测投影面的倾斜角度	X
									006	正等轴测图平行于坐标面的椭圆长轴	X
									007	四心圆法画椭圆	X
									008	轴测图的阅读方法	X
									009	轴测图的剖切	X
									010	正等轴测图的描图	X

续表

鉴定范围								鉴定点		
一级			二级			三级				
代码	名称	鉴定比重	代码	名称	鉴定比重	代码	名称	鉴定比重	代码	名称	重要程度

代码	名称	鉴定比重	代码	名称	鉴定比重	代码	名称	鉴定比重	代码	名称	重要程度
B	相关知识	70	B	绘制三维图	10	B	计算机绘制三维图	3	001	曲线操作	X
									002	实体建模	X
									003	特征建模	X
									004	特征操作	X
			C	图档管理	5	A	图纸折叠	3	001	折叠后的图纸幅面的规格	X
									002	折叠后图纸的标题栏的位置	X
									003	有装订边的复制图折叠方法	X
									004	有装订边的复制图折叠后的规格	Y
									005	无装订边的复制图折叠方法	Y
									006	无装订边的复制图折叠后的规格	Y
						B	图纸装订	2	001	有装订边的图纸的装订方法	X
									002	装订成册的图纸的目录页	Y
									003	装订前图纸的检查	Y
									004	无装订边的图纸的装订方法	Y

三、初级制图员（UG）操作技能鉴定要素细目表（见表 2—3）

表 2—3　　　　　　初级制图员（UG）操作技能鉴定要素细目表

鉴定范围						鉴定点		
代码	一级	鉴定比重	代码	二级	鉴定比重	选择方式	代码	鉴定点	重要程度

代码	一级	鉴定比重	代码	二级	鉴定比重	选择方式	代码	鉴定点	重要程度
A	专业技能	100	A	草绘图形	10	必考	001	草图功能的使用	Y
							002	创建草图平面与草图对象	X
							003	草图约束	X
							004	约束管理	X
							005	草图管理	Y
			B	三维建模	35	必考	001	构建基准特征	X
							002	基本体素特征	X
							003	加工特征	X
							004	扫描特征	X

鉴定范围						代码	鉴定点	重要程度
代码	一级	鉴定比重	代码	二级	鉴定比重	选择方式		
A	专业技能	100	B	三维建模	35	必考	005 特征详细设计	X
							006 编辑特征参数	Y
			C	工程图	30	必考	001 工程图参数的设置	Y
							002 图纸操作功能	X
							003 视图操作功能	X
							004 剖视图的应用	X
							005 工程图标注功能	X
			D	装配操作	25	必考	001 装配导航器	Y
							002 装配组件操作	X
							003 装配爆炸图	X
							004 装配的其他功能	Y

第二节 初级理论知识练习题

一、单项选择题（请从备选项中选取一个正确答案填写在括号中。错选、漏选、多选均不得分，也不反扣分）

（一）鉴定范围：职业道德

1. 道德是指人与人、个人与集体、个人与（   ）以及人对待自然的行为规范的总和。

    A. 国家   B. 家庭   C. 理想   D. 社会

2. 职业道德是指从事一定职业的人们在职业实践活动中所应遵循的职业原则和规范，以及与之相应的（   ）、情操和品质。

    A. 企业标准   B. 道德观念   C. 法律要求   D. 工作要求

3. 职业道德是社会道德的重要组成部分，是（   ）和规范在职业活动中的具体化。

    A. 社会道德原则   B. 企业制度   C. 道德观念   D. 工作要求

4. 职业道德能调节本行业中人与人之间、本行业与其他行业之间，以及（   ）之间的关系，以维持其职业的存在和发展。

    A. 职工和家庭   B. 社会失业率

    C. 各行业集团与社会   D. 工作和学习

5. 职业道德主要概括本职业的职业业务和（   ），反映本职业的特殊利益和要求。

  A. 职业分工 B. 人才分类 C. 职业文化 D. 职业职责

6. 制图员的职业道德是规定制图员在职业活动中的（   ）。

  A. 行为规范 B. 工作要求 C. 必遵守则 D. 工作和学习

7. 忠于职守就是要求制图人员忠于制图员这个特定的工作岗位，自觉履行制图员的（   ），保质保量地完成承担的各项任务。

  A. 各项职责 B. 职业道德 C. 职业情感 D. 各项任务

8. （   ）就是要做到自己绘制的每一张图纸都能符合图样的规定和产品的要求，为生产提供可靠的依据。

  A. 爱岗敬业 B. 注重信誉 C. 讲究质量 D. 积极进取

9. （   ）就是要顾全大局，要有团队精神。

  A. 爱岗敬业 B. 注重信誉 C. 团结协作 D. 积极进取

10. （   ）是指制图员要遵守职业纪律和职业活动的法律、法规，保守国家机密，不泄露企业情报信息。

  A. 讲究公德 B. 遵纪守法 C. 保证质量 D. 职业道德

（二）鉴定范围：基础知识

1. 一张 A0 幅面图纸相当于（   ）张 A3 幅面图纸。

  A. 5 B. 6 C. 7 D. 8

2. 制图国家标准规定，图纸幅面尺寸是由基本幅面尺寸的短边成（   ）数倍增加后得出的。

  A. 偶 B. 奇 C. 小 D. 整

3. 制图国家标准规定，图框格式分为（   ）两种，但同一产品的图样只能采用一种格式。

  A. 横装和竖装   B. 有加长边和无加长边

  C. 不留装订边和留有装订边 D. 粗实线和细实线

4. 制图国家标准规定，图纸的标题栏必须配置在图框的（   ）位置。

  A. 左上角 B. 右下角 C. 左下角 D. 右上角

5. 比例是（   ）相应要素的线性尺寸之比。

  A. 图中图形与其实物   B. 实物与其图中图形

  C. 图纸幅面与空间实物   D. 主视图与其他视图

6. 制图国家标准规定，字体的号数，即字体的（   ）。

  A. 高度 B. 宽度 C. 长度 D. 角度

7. 图纸中字体的宽度一般为字体高度的（　　）倍。

    A. 1/2　　　　　　　　B. 1/3　　　　　　　　C. $h/\sqrt{2}$　　　　　　　　D. $h/\sqrt{3}$

8. 图纸中斜体字字头向右倾斜，与水平基准线成（　　）角。

    A. 75°　　　　　　　　B. 60°　　　　　　　　C. 45°　　　　　　　　D. 30°

9. 在机械制图同一图样中，粗线的宽度为 d，细线的宽度应为（　　）。

    A. $d/4$　　　　　　　　B. $d/2$　　　　　　　　C. $2d$　　　　　　　　D. $4d$

10. 机械图样中常用的图线线形有粗实线、（　　）、虚线、波浪线等。

    A. 细实线　　　　　　B. 边框线　　　　　　C. 轮廓线　　　　　　D. 轨迹线

11. 机械图样中，表示可见轮廓线采用（　　）线形。

    A. 粗实线　　　　　　B. 细实线　　　　　　C. 波浪线　　　　　　D. 虚线

12. 机械图样中，表示尺寸界线及尺寸线采用（　　）线形。

    A. 粗实线　　　　　　B. 细实线　　　　　　C. 虚线　　　　　　　D. 波浪线

13. 机械图样中，表示不可见轮廓线采用（　　）线形。

    A. 粗实线　　　　　　B. 细实线　　　　　　C. 虚线　　　　　　　D. 波浪线

14. 在机械图样中，细点画线一般用于表示轴线、（　　）、轨迹线和节圆及节线。

    A. 对称中心线　　　　B. 可见轮廓线　　　　C. 断裂边界线　　　　D. 可见过渡线

15. 两虚线相交时，应使（　　）相交。

    A. 线段与线段　　　　B. 间隙与间隙　　　　C. 线段与间隙　　　　D. 间隙与线段

16. 物体的真实大小应以图样中（　　）为依据，与图形的大小及绘图的准确度无关。

    A. 所注尺寸数值　　　B. 所画图样形状　　　C. 所标绘图比例　　　D. 所加文字说明

17. 图样上标注的尺寸，一般应由尺寸界线、（　　）、尺寸数字组成。

    A. 尺寸线　　　　　　　　　　　　　　　B. 尺寸箭头

    C. 尺寸箭头及其终端　　　　　　　　　　D. 尺寸线及其终端

18. 尺寸线终端形式有箭头和斜线两种形式，但在同一张图样中（　　）形式。

    A. 只能采用其中一种　　　　　　　　　　B. 可以同时采用两种

    C. 只能采用第一种　　　　　　　　　　　D. 只能采用第二种

19. 尺寸界线应由图形的轮廓线、轴线或对称中心线处引出，也可利用轮廓线、轴线或对称中心线作（　　）。

    A. 尺寸界线　　　　　B. 尺寸线　　　　　　C. 尺寸线终端　　　　D. 尺寸数字

20. 当标注线性尺寸时，尺寸线必须与所注的线段（　　）。

    A. 垂直　　　　　　　B. 平行　　　　　　　C. 相交　　　　　　　D. 重合

21. 线性尺寸数字一般注在尺寸线的上方或中断处，同一张图样上尽可能（　　）数字注写方法。

  A. 采用第一种 B. 采用第二种 C. 混用两种 D. 采用一种

22. 标注圆的直径尺寸时，应在尺寸数字前加注符号"（ ）"。

  A. R B. Φ C. SR D. $S\Phi$

23. 对圆弧标注半径尺寸时，尺寸线应由圆心引出，（ ）指到圆弧上。

  A. 尺寸线   B. 尺寸界线 C. 尺寸箭头 D. 尺寸数字

24. 对球面标注尺寸时，一般应在 Φ 或 R 前加注"（ ）"。

  A. S B. 球   C. Φ D. R

25. 标注角度尺寸时，尺寸数字一律水平写，（ ）沿径向引出，尺寸线画成圆弧，圆心是角的顶点。

  A. 尺寸线   B. 尺寸界线

  C. 尺寸线及其终端   D. 尺寸数字

26. 铅芯有软、硬之分，（ ）。

  A. "H"表示软，"B"表示硬   B. "B"表示软，"H"表示硬

  C. "R"表示软，"Y"表示硬   D. "Y"表示软，"R"表示硬

27. 铅笔的铅芯削磨形状有（ ）。

  A. 锥形和矩形 B. 矩形和圆形 C. 锥形和柱形 D. 柱形和球形

28. 画图时，铅笔在前后方向应与纸面垂直，而且向画线（ ）方向倾斜约30°。

  A. 前进   B. 后退   C. 相反   D. 前后

29. 使用丁字尺画水平线时，应使尺头内侧紧靠（ ）左边上下移动。

  A. 尺身   B. 桌面   C. 图纸   D. 图板

30. 丁字尺尺头内侧边紧靠图板左边，三角板任意边靠紧丁字尺尺身上边，便可利用三角板的另外两边画出（ ）。

  A. 垂直线或倾斜线   B. 水平线或倾斜线

  C. 垂直线或波浪线   D. 水平线或双折线

31. 使用圆规画圆时，应尽可能使（ ）垂直于纸面。

  A. 大圆规和弹簧圆规   B. 钢针和加长杆

  C. 钢针和铅芯   D. 加长杆和铅芯

32. 圆规使用铅芯的硬度规格要比画直线的铅芯（ ）。

  A. 软一级   B. 软两级   C. 硬一级   D. 硬两级

33. 用圆规画大圆时，可用加长杆扩大所画圆的半径，使针脚和铅笔脚均与纸面保持（ ）。

A. 垂直　　　　　B. 平行　　　　　C. 左斜　　　　　D. 右斜

34. 投射线通过（　　），向选定的面投射，并在该面上得到投影的方法称为投影法。

　　A. 投影面　　　　B. 投射面　　　　C. 物体　　　　D. 阳光

35. 平行投影法分为（　　）两种。

　　A. 中心投影法和平行投影法　　　　　B. 正投影法和斜投影法

　　C. 主要投影法和辅助投影法　　　　　D. 一次投影法和二次投影法

36. 中心投影法的投射中心位于（　　）处。

　　A. 投影面　　　　B. 投影物体　　　　C. 无限远　　　　D. 有限远

37. 平行投影法是投射线（　　）的投影法。

　　A. 汇交一点　　　B. 远离中心　　　C. 相互平行　　　D. 相互垂直

38. 平行投影法中的（　　）相垂直时，称为正投影法。

　　A. 物体与投影面　　　　　　　　　　B. 投射线与投影面

　　C. 投射中心与投影线　　　　　　　　D. 投射线与物体

39. 工程上常用的投影有多面正投影、轴测投影、透视投影和（　　）。

　　A. 正投影　　　　B. 斜投影　　　　C. 中心投影　　　D. 标高投影

40. 多面正投影能反映物体大部分表面的实形，且度量性好，（　　），利于图示和图解，但直观性差，立体感不强。

　　A. 复制简便　　　B. 复制烦琐　　　C. 作图简便　　　D. 作图烦琐

41. 投射线与投影面倾斜得到的投影称为（　　）。

　　A. 正投影　　　　B. 斜投影　　　　C. 中心投影　　　D. 工程投影

42. 用（　　）沿物体不平行于直角坐标平面的方向，投影到轴测投影面上所得到的投影称为轴测投影。

　　A. 平行投影法　　B. 中心投影法　　C. 透视投影法　　D. 标高投影法

43. 用中心投影法将物体投影到投影面上所得到的投影称为（　　）。

　　A. 轴测投影　　　B. 中心投影　　　C. 透视投影　　　D. 标高投影

44. 典型的微型计算机绘图系统可分成（　　）几部分组成。

　　A. 主机、显示器、打印机、绘图机

　　B. 主机、图形输入设备、图形输出设备、外存储器

　　C. 主机、电源、显示器、鼠标、键盘

　　D. 主机、电源、图形输入设备、鼠标、键盘

45. 以下应用软件不属于计算机绘图软件的是（　　）。

　　A. WORD　　　　B. MDT　　　　C. AUTO CAD　　　D. CAXA 电子图板

46. 打印机、绘图机、显示器等是（ ）。

    A. 图形输入设备   B. 图形输出设备

    C. 图形储存设备   D. 图形复印设备

47. 计算机绘图的方法分为交互绘图和（ ）绘图两种。

    A. 手工   B. 扫描   C. 编程   D. 自动

48. 打印机有（ ）、喷墨式及激光式等几种类型。

    A. 笔式   B. 光栅式   C. 针式   D. 光电式

49. 一张完整的零件图应包括视图、尺寸、技术要求和（ ）。

    A. 细目栏   B. 标题栏   C. 列表栏   D. 项目栏

50. 零件按结构特点可分为（ ）。

    A. 轴套类、盘盖类、叉架类、箱壳类和薄板类

    B. 标准件和非标准件

    C. 焊接件、铸造件、机加工件

    D. 一般类、精密类和航空类

51. 一张完整的装配图应包括一组视图、必要的尺寸、技术要求、（ ）和标题栏以及明细表。

    A. 标准件的代号   B. 零部件的序号

    C. 焊接件的符号   D. 连接件的编号

52. 在机器或部件设计过程中，一般先画出（ ）。

    A. 零件图   B. 主视图   C. 装配图   D. 三视图

53. 劳动合同是劳动者与用人单位确定劳动关系、明确双方（ ）的协议。

    A. 权利和义务   B. 条件和义务   C. 权利和条件   D. 条件和原则

54. （ ）劳动者可以随时通知用人单位解除劳动合同。

    A. 在试用期间   B. 刚过试用期   C. 在合同期内   D. 在规定的医疗期内

55. 劳动者（ ）的，用人单位不可以解除劳动合同。

    A. 在试用期间被证明不符合录用条件

    B. 严重违反劳动纪律或者用人单位规章制度

    C. 严重失职，营私舞弊，对用人单位利益造成重大损害

    D. 患病或者负伤，在规定的医疗期限内

56. 工资一般不包括（ ）。

    A. 计时工资、计件工资   B. 奖金、津贴和补贴

    C. 延长工作时间的工资报酬   D. 工伤赔偿

（三）鉴定范围：绘制二维图

1. 描图的常用工具有鸭嘴笔、圆规、曲线板、三角板、（　　）等。

    A. 钢片　　　　　　B. 刀片　　　　　　C. 钢笔　　　　　　D. 铅笔

2. 描图的（　　）为：描中心线、轴线、细实线的圆或圆弧及虚线的圆或圆弧，细实线、波浪线、粗实线的圆或圆弧，粗实线，各种符号，箭头，书写各种数字和汉字，仔细校对检查。

    A. 基本要求　　　　B. 一般程序　　　　C. 工作方法　　　　D. 经验总结

3. 直线的描绘原则是（　　）、先画横线、后画竖线。

    A. 由上至下、由右至左　　　　　　　　B. 由上至下、由左至右

    C. 由下至上、由左至右　　　　　　　　D. 由下至上、由右至左

4. 描图的校对方法有直接对照法、（　　）、灯箱透视法。

    A. 滚动修改法　　　　　　　　　　　　B. 不动修改法

    C. 不动对照法　　　　　　　　　　　　D. 滚动对照法

5. 修图中常用的方法有：刀片刮图法、（　　）、擦墨灵除墨线法、化学溶液除墨线法。

    A. 除线修补法　　　　　　　　　　　　B. 除线重画法

    C. 切除修补法　　　　　　　　　　　　D. 擦除重画法

6. 描图中描大圆时，应采用（　　）的方法。

    A. 加长杆　　　　　B. 换笔头　　　　　C. 换长针　　　　　D. 多加墨

7. 鸭嘴笔由（　　）和两个鸭嘴形状的钢片组成，两个钢片的中部有一颗用来调节距离的螺钉。

    A. 笔尖　　　　　　B. 笔杆　　　　　　C. 笔尾　　　　　　D. 笔头

8. 鸭嘴笔的加墨量一般以距笔尖（　　）mm 为宜。

    A. 2～3　　　　　　B. 3～4　　　　　　C. 4～5　　　　　　D. 5～6

9. 用鸭嘴笔描线时，笔杆向画线前进方向倾斜（　　）左右，并使笔的运动位于图纸的垂直面内。

    A. 15°　　　　　　B. 30°　　　　　　C. 45°　　　　　　D. 60°

10. 针管笔由塑料笔杆、笔尖、圆规插脚套及（　　）等部分组成。

    A. 笔套　　　　　　B. 笔帽　　　　　　C. 笔盒　　　　　　D. 笔身

11. 描图纸上出现错画线和墨渍时，应待墨水（　　）后，再用刀片轻轻刮去即可。

    A. 尚未晾干　　　　B. 完全晾干　　　　C. 部分晾干　　　　D. 擦不掉后

12. 一直线（或一平面）对另一直线（或平面）的倾斜程度称为（　　）。

    A. 斜率　　　　　　B. 斜度　　　　　　C. 锥度　　　　　　D. 直线度

13.（　　）的底圆直径与顶圆直径之差与圆锥台高度之比即为锥度。

    A. 圆柱　　　　　　B. 正圆锥　　　　　　C. 正圆锥台　　　　　　D. 斜圆锥

14. 斜度的符号是（　　）。

    A. ∠　　　　　　　B. ∠　　　　　　　C. ∧　　　　　　　D. ∨

15. 标注锥度时，锥度符号的方向应该与锥度方向（　　）。

    A. 成一定的角度　　　　　　　　　　B. 一致或相反都可以

    C. 相反　　　　　　　　　　　　　　D. 一致

16. 用60°三角板和丁字尺配合，可以绘制圆内接（　　）作图。

    A. 正五边形　　　　B. 正八边形　　　　C. 正六边形　　　　D. 正四边形

17. 用圆弧连接两已知直线和圆弧的种类包括（　　）。

    A. 外连接已知直线和圆弧

    B. 内连接已知直线与圆弧

    C. 内连接已知直线与圆弧和外连接已知直线和圆弧

    D. 内外连接已知直线和圆弧

18. 用半径为 R 的圆弧连接两已知非正交直线，圆心的求法是分别作与两已知直线距离为（　　）的平行线，其交点即为连接圆弧的圆心。

    A. R　　　　　　B. $2R$　　　　　　C. $3R$　　　　　　D. $4R$

19. 用半径为 R 的圆弧连接两已知正交直线，以两直线的交点为圆心，以 R 为半径画圆弧，圆弧与两直线的交点即为连接圆弧的连接点，以连接点为圆心，以 R 为半径画圆弧，两圆弧的交点即为连接弧的（　　）。

    A. 圆心　　　　　　B. 切点　　　　　　C. 起点　　　　　　D. 终点

20. 用半径为 R 的圆弧外连接两已知圆弧和直线，已知圆弧的半径为 R_1，圆心的求法是作与已知直线距离 R 的平行线，以已知圆弧的圆心为圆心，以（　　）为半径画圆弧，圆弧与平行线的交点即为连接圆弧的圆心。

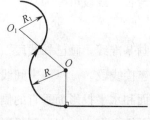

    A. R　　　　　　B. R_1-R　　　　　　C. $2R$　　　　　　D. R_1+R

21. 已知两圆弧的圆心和半径分别是 O_1、R_1 和 O_2、R_2，连接圆弧半径为 R，与已知圆弧外切时，圆心的求法是分别以 O_1、O_2 为圆心，以（　　）为半径画圆弧，所得交点即为连接圆弧的圆心。

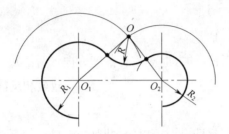

A. R、R　　　　　　　　　　　B. R_1、R_2

C. R_1+R、R_2+R　　　　　　D. R_1-R、R_2-R

22. 已知两圆弧的圆心和半径分别是 O_1、R_1 和 O_2、R_2，连接圆弧半径为 R，与已知圆弧内切时，圆心的求法是分别以 O_1、O_2 为圆心，以（　　）为半径画圆弧，所得交点即为连接圆弧的圆心。

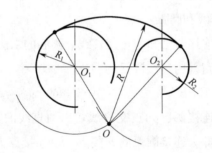

A. R、R　　　　　　　　　　　B. R_1+R、R_2+R

C. $R-R_1$、$R-R_2$　　　　　　D. $2R$、$2R$

23. 平面图形中，尺寸的类型有（　　）。

A. 定形尺寸和总体尺寸　　　　　B. 定形尺寸和定位尺寸

C. 总体尺寸和定位尺寸　　　　　D. 一般尺寸和重要尺寸

24. 平面图形中，按尺寸齐全与否，线段可分为（　　）类。

A. 2　　　　　　B. 3　　　　　　C. 4　　　　　　D. 5

25. 平面图形的作图步骤是，画基准线，画已知线段，画（　　），画连接线段。

A. 未知线段　　　B. 非连接线段　　　C. 中间线段　　　D. 连接线段

26. 三投影面体系中与正投影面和水平投影面垂直的侧立投影面是（　　）。

A. 正投影面　　　B. 水平投影面　　　C. 侧投影面　　　D. 后投影面

27. 三投影面体系中正投影面的代号是（　　）。

A. V　　　　　　B. H　　　　　　C. W　　　　　　D. M

28. 三投影面展开时水平投影面的旋转是 V 面不动，H 面向下旋转（　　　）与 V 面重合。

    A. 45°　　　　　　　B. 60°　　　　　　　C. 90°　　　　　　　D. 30°

29. 三投影面展开时侧投影面的旋转是 V 面不动，W 面（　　　）旋转 90°与 V 面重合。

    A. 向左　　　　　　B. 向上　　　　　　C. 向下　　　　　　D. 向右

30. 物体的三视图是指（　　　）。

    A. 主视图、右视图、俯视图　　　　　B. 左视图、右视图、俯视图

    C. 俯视图、左视图、主视图　　　　　D. 俯视图、左视图、后视图

31. 主视图反映了物体上、下、（　　　）的相对位置关系。

    A. 前、后　　　　　B. 左、右　　　　　C. 左、后　　　　　D. 左、前

32. 俯视图反映了物体前、后、（　　　）的相对位置关系。

    A. 上、下　　　　　B. 左、右　　　　　C. 上、左　　　　　D. 上、右

33. 左视图反映了物体上、下、（　　　）的相对位置关系。

    A. 前、后　　　　　B. 左、右　　　　　C. 左、前　　　　　D. 右、后

34. 三视图的投影规律中主视图与（　　　）的关系是长对正。

    A. 俯视图　　　　　B. 左视图　　　　　C. 后视图　　　　　D. 右视图

35. 三视图的投影规律中（　　　）之间的关系是高度平齐。

    A. 主视图和仰视图　　　　　　　　　B. 俯视图和左视图

    C. 主视图与左视图　　　　　　　　　D. 主、左视图宽相等

36. 俯视图与（　　　）之间的投影规律是宽度一致。

    A. 三视图　　　　　B. 后视图　　　　　C. 主视图　　　　　D. 左视图

37. 基本几何体的分类是（　　　）。

    A. 圆柱和圆球　　　　　　　　　　　B. 棱锥和圆锥

    C. 平面立体和曲面立体　　　　　　　D. 棱柱和圆柱

38. 正棱柱的形体特点是（　　　）。

    A. 棱线垂直于底面和顶面　　　　　　B. 素线垂直于底面和顶面

    C. 棱线倾斜于轴线　　　　　　　　　D. 棱线倾斜于底面

39. 正棱锥的形体特征是（　　　）。

    A. 棱线倾斜于底面　　　　　　　　　B. 素线倾斜于底面

    C. 母线倾斜于底面　　　　　　　　　D. 棱线不交于锥顶

40. 正棱柱在投影为正多边形的视图中，各棱线的投影（　　　）。

    A. 是斜线　　　　　B. 反映实长　　　　C. 是直线　　　　　D. 均具有积聚性

41. 正五棱锥的三个视图中，其中两个视图的外轮廓均是（　　）。

    A. 多边形　　　　B. 三角形　　　　C. 五角形　　　　D. 六角形

42. 在一个圆柱体的三视图中，投影为圆的视图是（　　）个。

    A. 1　　　　　　　B. 2　　　　　　　C. 3　　　　　　　D. 4

43. 在一正圆锥体的三视图中，投影为三角形的视图是（　　）个。

    A. 1　　　　　　　B. 3　　　　　　　C. 2　　　　　　　D. 4

44. 圆球的三面投影特点是（　　）。

    A. 一个投影为圆　　　　　　　　　　B. 两个投影为圆

    C. 三个投影为圆　　　　　　　　　　D. 投影都不为圆

45. 平面体中棱柱体必须标注的尺寸是（　　）。

    A. 长度和高度　　B. 长度和宽度　　C. 高度和宽度　　D. 长度、宽度和高度

46. 棱锥体的尺寸标注一般有（　　）个尺寸。

    A. 4　　　　　　　B. 3　　　　　　　C. 2　　　　　　　D. 1

47. 圆柱体的尺寸标注中，直径表示圆柱体（　　）方向尺寸。

    A. 高度　　　　　　B. 宽度　　　　　　C. 直径　　　　　　D. 长度

48. 圆锥体只需标注（　　）个尺寸。

    A. 1　　　　　　　B. 2　　　　　　　C. 3　　　　　　　D. 4

49. 直径是表示球体（　　）方向的尺寸。

    A. 高度　　　　　　B. 宽度　　　　　　C. 直径　　　　　　D. 长度

50. 带切口立体的尺寸标注中，切口处以外的尺寸是该立体未截切前的（　　）。

    A. 定形尺寸　　　　B. 总体尺寸　　　　C. 定位尺寸　　　　D. 原形尺寸

51. 截平面与柱轴垂直时截交线的形状是（　　）。

    A. 圆　　　　　　　B. 矩形　　　　　　C. 椭圆　　　　　　D. 三角形

52. 直径不等的两圆柱体轴线垂直相交时，相贯线的投影可以采用（　　）画法。

    A. 比例　　　　　　B. 类似　　　　　　C. 近似　　　　　　D. 省略

53. 由圆柱、圆锥、球等基本几何体构成的立体称为（　　）。

    A. 曲面体　　　　　B. 相交体　　　　　C. 组合体　　　　　D. 相切体

54. 两形体表面（　　）时，相接处无线分开。

    A. 相错　　　　　　B. 共面　　　　　　C. 相交　　　　　　D. 不共面

55. 一平面立体与一曲面立体相切组合时，在相切处（　　）。

    A. 无切线　　　　　B. 有交线　　　　　C. 无分界线　　　　D. 有分界线

56. 相交处（　　）时，称为相交组合。

A. 叠加　　　　　　B. 组合　　　　　　C. 无交线　　　　　　D. 有交线

57. 组合体尺寸标注的基本要求是（　　　）。

　　A. 齐全、合理　　　　　　　　　　B. 齐全、清晰、合理

　　C. 清晰、合理　　　　　　　　　　D. 齐全、清晰

58. 标注尺寸时，常选择组合体的（　　　）作为高度基准。

　　A. 左端面　　　　B. 右端面　　　　C. 底面　　　　D. 轴线

59. 组合体的尺寸基准和辅助尺寸基准之间应有（　　　）相联系。

　　A. 尺寸　　　　B. 定位尺寸　　　　C. 基准尺寸　　　　D. 标准尺寸

60. 组合体尺寸标注尺寸齐全的要求是尺寸不能遗漏，（　　　）。

　　A. 也不能多余　　　　　　　　　　B. 尺寸要尽量多

　　C. 尺寸要尽量少　　　　　　　　　D. 不能漏掉重要尺寸

61. 组合体尺寸标注尺寸清晰是指（　　　）。

　　A. 尺寸不能遗漏　　　　　　　　　B. 尺寸要尽量多

　　C. 尺寸布局要醒目，便于看图　　　D. 不能漏掉重要尺寸

62. 从物体的后面向前投影，在前立投影面上得到的视图称为（　　　）。

　　A. 仰视图　　　　B. 俯视图　　　　C. 前视图　　　　D. 后视图

63. 六个基本视图中，符合长度相等的视图有（　　　）。

　　A. 主视图、俯视图、仰视图、后视图　B. 主视图、仰视图、左视图、右视图

　　C. 俯视图、仰视图、左视图、后视图　D. 后视图、仰视图、主视图、右视图

64. 六个基本视图的配置中，（　　　）在主视图的右方且高平齐。

　　A. 仰视图　　　　B. 右视图　　　　C. 左视图　　　　D. 后视图

65. 六个基本视图中，右视图反映物体的（　　　）个方位关系。

　　A. 1　　　　B. 3　　　　C. 4　　　　D. 2

66. 六个基本视图中，（　　　）反映物体的上、下、左、右方位关系。

　　A. 右视图　　　　B. 后视图　　　　C. 左视图　　　　D. 俯视图

67. 六个基本视图中，（　　　）反映物体的前、后、左、右方位关系。

　　A. 右视图　　　　B. 左视图　　　　C. 主视图　　　　D. 仰视图

68. 将机件的某一部分向（　　　）投影面投影所得的视图称为局部视图。

　　A. 基本　　　　B. 辅助　　　　C. 倾斜　　　　D. 正面

69. 局部视图的（　　　）一般是用波浪线表示。

　　A. 轮廓线　　　　B. 断裂边界线　　　　C. 剖面线　　　　D. 边界

70. 局部视图的位置应尽量配置在（　　　），并与原视图保持其投影关系。

A. 视图附近　　　　　　　　　　B. 投影方向上

C. 剖切面的延长线上　　　　　　D. 视图内部

71. 当局部视图按投影关系配置，中间又无其他视图隔开时，允许省略（　　）。

A. 投影方向　　　B. 标注　　　C. 省略字母　　　D. 剖切符号

72. 假想用剖切面剖开机件，将处在观察者和剖切面之间的部分移去，而将其余部分向投影面投影所得的图形，称为（　　）。

A. 局部视图　　　B. 复合视图　　　C. 断面图　　　D. 剖视图

73. 制图标准规定，剖视图分为全剖视图、局部剖视图、（　　）。

A. 旋转剖视图　　B. 阶梯剖视图　　C. 半剖视图　　D. 复合剖视图

74. 剖视图中剖切面分为单一剖切面、几个平行的剖切面、（　　）、组合剖切面和斜剖剖切面五种形式。

A. 全剖切面　　B. 旋转剖切面　　C. 局部剖切面　　D. 两相交剖切面

75. 在剖视图的标注中，用剖切符号表示剖切位置，用箭头表示（　　）。

A. 旋转方向　　　B. 视图方向　　　C. 投影方向　　　D. 移去方向

76. 剖视图中，金属材料的剖面符号应画成与水平线成（　　）的互相平行、间隔均匀的细实线。

A. 30°　　　　B. 45°　　　　C. 60°　　　　D. 90°

77. 用剖切面将机件完全剖开所得到的（　　），称为全剖视图。

A. 局部视图　　　B. 复合视图　　　C. 断面图　　　D. 剖视图

78. 剖视图是假想剖切而画出的，所以与其相关的其他视图应（　　）画出。

A. 完整　　　　B. 局部　　　　C. 一半　　　　D. 部分

79. 全剖视图一般适用于（　　）的机件。

A. 外形较复杂　　B. 外形较简单　　C. 局部较复杂　　D. 局部较简单

80. 当机件具有对称平面时，可以以对称中心线为界，一半画成剖视图，另一半画成视图，这种图形称为（　　）。

A. 全剖视图　　B. 局部剖视图　　C. 半剖视图　　D. 视图

81. 在半剖视图中，用（　　）表示剖切部分与未剖切部分的分界线。

A. 粗实线　　　B. 细实线　　　C. 细点画线　　　D. 粗点画线

82. 用剖切面局部地剖开机件所得到的剖视图，称为（　　）。

A. 局部剖视图　　B. 局部视图　　C. 全剖视图　　　D. 半剖视图

83. 在局部剖视图中，剖开部分与未剖开部分的分界线为（　　）。

A. 波浪线　　　B. 双折线　　　C. 细实线　　　D. 细点画线

84. 在局部剖视图中，绘制波浪线的注意事项包括：不能超出被剖切部分的轮廓线，不能用其他线代替，（　　）。

　　A. 穿空而过　　　　B. 不能穿空而过　　C. 穿槽而过　　　　D. 穿孔而过

85. （　　）剖切平面将机件的某处切断，仅画出断面的图形称为断面图。

　　A. 选用　　　　　　B. 选择　　　　　　C. 真实用　　　　　D. 假想用

86. 断面图分为（　　）和重合断面图两种。

　　A. 移出断面图　　　B. 平面断面图　　　C. 轮廓断面图　　　D. 平移断面图

87. 移出断面图画在视图的（　　）。

　　A. 上方　　　　　　B. 下方　　　　　　C. 里面　　　　　　D. 外面

88. 下面视图中（　　）要尽可能画在剖切位置线的延长线上。

　　A. 全剖视图　　　　B. 重合断面图　　　C. 三视图　　　　　D. 移出断面图

89. 按投影关系配置的不对称移出断面图，可以省略（　　）。

　　A. 剖切符号　　　　B. 箭头　　　　　　C. 字母　　　　　　D. 断面符号

90. 剖切后将断面图形绕剖切位置线旋转，使它重叠在视图上，这样得到的（　　）称为重合断面图。

　　A. 剖视图　　　　　B. 移出断面图　　　C. 截面图　　　　　D. 断面图

91. 重合断面图画在视图的（　　）。

　　A. 上边　　　　　　B. 下边　　　　　　C. 外边　　　　　　D. 里边

92. 重合断面图图形不对称时（　　）。

　　A. 必须全部标注　　B. 必须标注　　　　C. 标注投影方向　　D. 可以省略标注

93. 计算机绘图软件 UG NX 的用户界面是由标题栏、（　　）、工具条、资源条、图形窗口等项目组成的。

　　A. 标尺　　　　　　B. 箭头　　　　　　C. 开关　　　　　　D. 菜单条

94. 使用 UG NX 绘图时，每项任务都对应一个命令，发出命令的途径较多，但（　　）不是发出命令的途径。

　　A. 使用鼠标点击菜单　　　　　　　　B. 使用鼠标点击工具栏按钮

　　C. 使用显示器　　　　　　　　　　　D. 使用键盘输入命令

95. UG NX 选择菜单或选择对话框中的选项，正确的操作是（　　）。

　　A. 单击鼠标左键　　　　　　　　　　B. 单击鼠标右键

　　C. 单击鼠标中键　　　　　　　　　　D. 旋转鼠标滚轮

96. 使用 UG NX 创建新的模型文件，正确的操作是（　　）。

　　A. 点击"文件"菜单中的"新建"命令

B. 点击"文件"菜单中的"打开"命令

C. 点击"文件"菜单中的"保存"命令

D. 点击"文件"菜单中的"退出"命令

97. UG NX"编辑"菜单中，"重作"命令的功能是恢复刚刚使用（　　）完成的操作。

    A. 删除命令　　　　B. 撤销命令　　　　C. 编辑命令　　　　D. 绘图命令

98. 使用 UG NX 创建新的子窗口，正确的操作是（　　）。

    A. 点击"窗口"菜单中的"新建窗口"命令

    B. 点击"窗口"菜单中的"层叠"命令

    C. 点击"窗口"菜单中的"横向平铺"命令

    D. 点击"窗口"菜单中的"纵向平铺"命令

99. UG NX 的草图由草图平面、草图坐标系、草图曲线和（　　）等组成。

    A. 草图约束　　　　B. 草图尺寸　　　　C. 几何约束　　　　D. 草图基准

100. UG NX 草图中几何约束不包括（　　）。

    A. 平行　　　　　　B. 垂直　　　　　　C. 对称　　　　　　D. 角度

101. 根据零件的（　　）可将零件分为 6 类：轴套类、盘盖类、箱壳类、叉架类、薄板弯制类和镶合件类。

    A. 结构特点　　　　B. 加工方法　　　　C. 装配顺序　　　　D. 作用大小

102. 选择零件主视图的三项原则是（　　）。

    A. 反映形状特征、符合加工位置、符合工作位置

    B. 反映形状特征、符合加工位置、减少视图数量

    C. 符合加工位置、充分利用图纸、图形布置合理

    D. 符合工作位置、符合加工位置、充分利用图纸

103. 零件图其他视图的选择应考虑四项原则：主要结构用基本视图、次要结构或局部形状用局部视图或断面、细小结构用局部放大图或规定画法、（　　）。

    A. 尽量符合投影关系和减少虚线　　　　B. 尽量符合投影关系和增加虚线

    C. 不必符合投影关系和减少虚线　　　　D. 不必符合投影关系和增加虚线

104. 轴套类零件通常是（　　），在轴上常有轴肩、倒角、键槽、销孔、退刀槽、中心孔等结构。

    A. 由同轴的回转体组成且为实心结构

    B. 由若干段直径不同的同轴回转体组成

    C. 由同轴的回转体组成但内、外径尺寸差别较大

    D. 具有沿径向均布的肋板或轮辐

105. 选择轴套类零件的主视图时，应使其轴线处于（　　）位置。

    A. 竖直　　　　　B. 倾斜　　　　　C. 水平　　　　　D. 任意

106. 轴套类零件其他视图的选择，常用断面和（　　）。

    A. 局部放大图　　B. 局部缩小图　　C. 半剖视图　　　D. 全剖视图

107. 盘盖类零件由在同一轴线上的不同直径的圆柱面或少量非圆柱面组成，（　　），常有一些孔、槽、筋和轮辐等结构。

    A. 其厚度相对于直径来说比较大　　　　B. 其直径相对于厚度来说比较小

    C. 其厚度相对于直径来说比较小　　　　D. 其厚度和直径一般来说都较小

108. 盘盖类零件的（　　）一般采用全剖或旋转剖，其轴线按水平位置放置。

    A. 主视图　　　　B. 其他视图　　　C. 辅助视图　　　D. 各个视图

109. 盘盖类零件上的孔、槽、轮辐等结构的分布状况，一般采用（　　）来表示。

    A. 主视图　　　　B. 左视图　　　　C. 全剖视图　　　D. 斜剖视图

110. 零件图的尺寸标注，应做到（　　）、清晰、合理。

    A. 整齐、完整　　　　　　　　　　　B. 正确、完整

    C. 正确、整齐　　　　　　　　　　　D. 易懂、易记

111. 零件图上常用的尺寸基准一般是对称面、结合面、较大的加工面和（　　）等。

    A. 回转体的两端　B. 回转体的外圆　C. 回转体的断面　D. 回转体的轴线

112. 零件图上合理标注尺寸应做到重要尺寸（　　）、避免出现封闭尺寸链和便于加工与测量。

    A. 间接注出　　　B. 直接注出　　　C. 连续注出　　　D. 断续注出

113. 螺纹的五大结构要素是（　　）。

    A. 直径、牙型、螺距、线数、旋向

    B. 小径、牙型、导程、线数、旋向

    C. 公称尺寸、牙型、螺距、线数、旋向

    D. 牙型、直径、螺距和导程、线数、旋向

114. 表示螺纹尺寸的直径称为公称直径，一般是指螺纹的（　　）。

    A. 底径　　　　　B. 小径　　　　　C. 中径　　　　　D. 大径

115. 螺纹按旋向分为（　　）两种。

    A. 右旋和左旋　　B. 右旋和上旋　　C. 左旋和下旋　　D. 上旋和下旋

116. 外螺纹的大径用粗实线，小径用细实线，反映圆的视图上（　　），螺纹终止线用粗实线绘制。

    A. 大径用细实线圆、小径用四分之三圈粗实线圆

B. 大径用粗实线圆、小径用四分之三圈细实线圆

C. 小径用细实线圆、大径用四分之三圈粗实线圆

D. 小径用粗实线圆、大径用四分之三圈细实线圆

117. 绘制不穿通的螺纹孔时，钻头角应按（　　）画出。

A. 60°　　　　　　　B. 90°　　　　　　　C. 120°　　　　　　D. 150°

118. 在剖视图中，螺纹连接的错误画法是（　　）。

A. "剖面线画到顶径线"

B. "内、外螺纹的大径线和小径线分别各自对齐"

C. "旋合部分的牙顶、牙底线均画成虚线"

D. "带有内、外螺纹的零件上的剖面线方向相反"

119. 粗牙普通螺纹的代号用"M 公称直径"表示，其中公称直径是指（　　）。

A. 顶径　　　　　　B. 底径　　　　　　C. 小径　　　　　　D. 大径

120. 零件加工表面上具有较小间距的凸峰和凹谷所组成的微观几何形状误差，称为（　　）。

A. 表面粗糙度　　　　　　　　　B. 表面光洁度

C. 表面光滑度　　　　　　　　　D. 表面平整度

121. 尺寸公差就是（　　）。

A. 基本尺寸与实际尺寸之差　　　B. 允许的尺寸变动量

C. 允许的最大极限尺寸　　　　　D. 允许的最小极限尺寸

122. 形位公差是指零件的（　　）误差所允许的最大变动量。

A. 设计和实际　　B. 加工和检验　　C. 形体和地位　　D. 形状和位置

（四）鉴定范围：绘制三维图

1. 轴测投影是由（　　）投射而成的。

A. 交叉光线　　　B. 平行光线　　　C. 散射光线　　　D. 垂直光线

2. 正轴测投影图的轴间角角度之和是（　　）。

A. 100°　　　　　　B. 200°　　　　　　C. 360°　　　　　　D. 720°

3. 正等轴测图按轴向简化系数画图，当一个轴的轴向变形率扩大了 n 倍，其余两个轴的变形率扩大了（　　）倍。

A. 1.22　　　　　　B. 1.5　　　　　　C. 0.82　　　　　　D. n

4. 轴测图分为（　　）。

A. 正轴测图、斜轴测图　　　　　B. 正面投影、正轴测图

C. 倾斜投影、斜轴测图　　　　　D. 正面投影、倾斜投影

5. 在正等轴测图中，3个直角坐标面与轴测投影面的夹角（　　　　）。

　　A. 不等　　　　　　　　　　　　　B. 相等

　　C. 两个为90°，一个为45°　　　　　D. 两个为120°，一个为90°

6. 在正等轴测图中，平行于坐标面的椭圆的长轴等于圆的（　　　　）。

　　A. 0.5 直径　　　　B. 0.82 直径　　　　C. 1.22 直径　　　　D. 直径

7. 四心圆法画椭圆，大圆圆心在（　　　　）上。

　　A. 长轴　　　　　　B. 短轴　　　　　　C. X 轴　　　　　　D. Z 轴

8. 与轴测轴平行的线段，画在三视图上与投影轴（　　　　）。

　　A. 平行　　　　　　B. 垂直　　　　　　C. 倾斜　　　　　　D. 相交

9. 在剖视图上作剖切，一般剖去物体的（　　　　）。

　　A. 右前方　　　　　B. 右后方　　　　　C. 左前方　　　　　D. 左后方

10. 描正等轴测图时，在同一类线形中，先描（　　　　）线，再描（　　　　）线。

　　A. 直 曲　　　　　B. 直 斜　　　　　C. 平行 垂直　　　　　D. 曲 直

11. UG NX 中，（　　　　）不属于基本曲线。

　　A. 直线　　　　　　B. 圆弧　　　　　　C. 样条　　　　　　D. 圆

12. UG NX 中的体分为（　　　　）。

　　A. 实体和片体　　　B. 实体和固体　　　C. 固体和片体　　　D. 实体和薄体

13. UG NX 的键槽命令中，不包含（　　　　）。

　　A. 腔体　　　　　　B. 矩形槽　　　　　C. U 型槽　　　　　D. 球端槽

14. UG NX 中，以下（　　　　）指令是作"加"的布尔运算。

　　A. 孔　　　　　　　B. 腔体　　　　　　C. 凸台　　　　　　D. 球端槽

（五）鉴定范围：图档管理

1. 对需装订成册又无装订边的复制图折叠并粘贴上装订胶带后应具有（　　　　）的规格。

　　A. A3 或 A4　　　　B. A2 或 A3　　　　C. A1 或 A2　　　　D. A0 或 A1

2. 折叠后图纸的标题栏应露在（　　　　）外边。

　　A. 左上角　　　　　B. 左下角　　　　　C. 右上角　　　　　D. 右下角

3. 有装订边的复制图折叠，第二步沿着（　　　　）的长边方向折叠。

　　A. 视图　　　　　　B. 明细表　　　　　C. 图框　　　　　　D. 标题栏

4. 有装订边的复制图折叠，最后折成（　　　　）的规格。

　　A. A0 或 A1　　　　B. A1 或 A2　　　　C. A2 或 A3　　　　D. A3 或 A4

5. 无装订边的复制图折叠，首先沿着标题栏的（　　　　）方向折叠。

　　A. 短边　　　　　　B. 长边　　　　　　C. 对角线　　　　　D. 中边

6. 无装订边的复制图折叠，最后折成 190 mm×297 mm 或（　　）的规格。

    A. 200 mm×297 mm   B. 297 mm×400 mm

    C. 300 mm×400 mm   D. 400 mm×594 mm

7. 对有装订边的图纸，应当在图纸的（　　）边处进行装订。

    A. 上   B. 下   C. 左   D. 右

8. 目录页中应列出本册每张图纸的（　　）和图号。

    A. 内容   B. 名称   C. 材料   D. 质量

9. 装订前，应按目录内容认真检查每张图纸，看图纸是否（　　），图纸方向是否正确。

    A. 写错名称   B. 画错   C. 标错尺寸   D. 齐全

10. 对于无装订边的图纸，如果需要装订，装订位置应在图纸的（　　）。

    A. 上边   B. 下边   C. 左边   D. 右边

二、判断题（正确的打"√"，错误的打"×"。错答、漏答均不得分，也不反扣分）

（一）鉴定范围：职业道德

1. 道德可以用来评价人们思想言行善恶荣辱的标准以及个人思想品质和修养的境界。

             （　　）

2. 凡是真诚地服务他人、服务社会的职业行为就是有道德的职业行为。 （　　）

3. 职业道德是社会道德的重要组成部分，是精神文明建设和规范在职业活动中的具体化。 （　　）

4. 职业道德仅调节行业之间、行业内部之间人与人的关系。 （　　）

5. 社会上有多少种职业，就存在多少种职业道德。 （　　）

6. 制图员的职业道德是制图员自我完善的必要条件，是制图员职业活动的指南。

             （　　）

7. 忠于职守就是要求制图人员忠于制图员这个特定的工作岗位，自觉履行制图员的各项职责，保质保量地完成承担的各项任务。 （　　）

8. 讲究质量就是要做到自己绘制的每一张图纸都能符合图样的规定和产品的要求，为生产提供可靠的依据。 （　　）

9. 团结协作就是要顾全大局，要有团队精神。 （　　）

10. 讲究公德是对制图员基本素质的要求。 （　　）

（二）鉴定范围：基础知识

1. 制图国家标准规定，图纸优先选用的基本幅面代号为5种。 （　　）

2. 制图国家标准规定，图纸幅面尺寸可以沿长边任意加长。 （　　）

3. 同一产品的图样，可以采用不留装订边和留有装订边两种混用图框格式。 （　　）

4. 制图国家标准规定，图纸的标题栏必须配置在图框的右下角位置。 （　　）

5. 1∶2 是缩小比例。 （　　）

6. 某图纸上选用了 5 号字体，则字体的高度应为 5 mm。 （　　）

7. 图纸中字体的宽度一般为字体高度的 1/2 倍。 （　　）

8. 图纸中斜体字字头向左倾斜，与水平基准线成 75°角。 （　　）

9. 机械制图中，粗线和细线的宽度比为 2∶1。 （　　）

10. 机械图样中，常用的图线线型有粗实线、细实线、虚线、波浪线等。 （　　）

11. 机械图样中，粗实线线型一般用于表示可见轮廓线和可见过渡线。 （　　）

12. 机械图样中，绘制尺寸线及尺寸界线采用细实线线型。 （　　）

13. 机械图样中，粗实线表示可见轮廓线，虚线表示不可见轮廓线。 （　　）

14. 回转体轴线和物体对称中心线一般应用细点画线表示。 （　　）

15. 虚线、点画线与其他图线相交时，应在线段处相交，而不应在间隙处相交。 （　　）

16. 绘制图形时应尽量准确，以免影响加工精度。 （　　）

17. 图样上标注的尺寸，一般应由尺寸界线、尺寸线及其终端、尺寸数字组成。 （　　）

18. 尺寸线终端形式有箭头和圆点两种形式。 （　　）

19. 尺寸界线应由图形的轮廓线、轴线或对称中心线处引出，不能利用轮廓线、轴线或对称中心线作尺寸界线。 （　　）

20. 尺寸线不能用其他图线代替，一般也不得与其他图线重合或画在其延长线上。

（　　）

21. 图样中尺寸数字不可被任何图线所通过，当不可避免时，必须把图线断开。 （　　）

22. 标注圆的直径尺寸时，应在尺寸数字前加注符号"$S\Phi$"。 （　　）

23. 对圆弧标注半径尺寸时，应在尺寸数字前加注符号"R"。 （　　）

24. 对球面标注尺寸时，一般应在 Φ 或 R 前加注"球"。 （　　）

25. 角度尺寸的标注方法与线性尺寸标注方法相同。 （　　）

26. 加深粗实线时应选用铅芯较硬的绘图铅笔。 （　　）

27. 铅芯削磨形状为矩形的铅笔用于写字和画细线。 （　　）

28. 画图时，铅笔在前后方向应与纸面倾斜，而且向画线前进方向倾斜约 30°。 （　　）

29. 使用丁字尺画水平线时，应使尺头内侧紧靠图纸左边上下移动。 （　　）

30. 丁字尺与三角板随意配合，便可画出各种倾斜线。 （　　）

31. 使用圆规画圆时，只要使铅芯或鸭嘴笔垂直于纸面就行。 （　　）

32. 圆规使用铅芯的硬度规格要比画直线的铅芯硬一级。 （　　）

33. 用圆规画大圆时，可用加长杆扩大所画圆的半径，使针脚和铅笔脚均与纸面保持垂直。（　　）

34. 投射线通过物体向选定的面投射，并在该面上得到投影的方法称为投影法。（　　）

35. 工程上常用的投影法有中心投影法和平行投影法。（　　）

36. 中心投影法是投射线相互平行的投影法。（　　）

37. 平行投影法的投射中心位于无限远处。（　　）

38. 平行投影法中的投射线与投影面相垂直时，称为正投影法。（　　）

39. 工程上常用的投影有多面正投影、轴测投影、透视投影和标高投影。（　　）

40. 由于多面正投影能反映物体大部分表面的实形，且度量性好，作图简便，利于图示和图解等优点，所以是应用最广泛的一种图示法。（　　）

41. 斜投影是平行投影。（　　）

42. 用平行投影法沿物体不平行于直角坐标平面的方向，投影到轴测投影面上所得到的投影称为轴测投影。（　　）

43. 用中心投影法将物体投影到投影面上所得到的投影称为透视投影。（　　）

44. 一个典型的微型计算机绘图系统一般是由主机、图形输入设备、图形输出设备、外存储器几部分组成的。（　　）

45. AUTO CAD 是目前我国比较流行的计算机绘图软件。（　　）

46. 图形输入设备有鼠标、键盘、数字化仪、图形输入板等。（　　）

47. 计算机绘图的方法分为交互绘图和编程绘图两种。（　　）

48. 打印机有针式、喷墨式及激光式等几种类型。（　　）

49. 完整的零件图就是表示零件结构的各种视图及其大小尺寸。（　　）

50. 零件按标准化程度可分为轴套类、盘盖类、叉架类、箱壳类和薄板类。（　　）

51. 完整的装配图只要有表达机器或部件的工作原理，各零件间的位置和装配关系的完整的视图即可。（　　）

52. 装配图既能表示机器性能、结构、工作原理，又能指导安装、调整、维护和使用。（　　）

53. 劳动合同是劳动部门与用人单位确定劳动关系、明确双方权利和义务的协议。（　　）

54. 用人单位以暴力、威胁或者非法限制人身自由的手段强迫劳动的，劳动者可以随时通知用人单位解除劳动合同。（　　）

55. 劳动者不能胜任工作，经过培训或者调整工作岗位，仍不能胜任工作的，用人单位可以解除劳动合同，但是应当提前三十日以书面形式通知劳动者本人。（　　）

56.工资一般包括计时工资、计件工资、奖金、津贴和补贴、延长工作时间的工资报酬及特殊情况下支付的工资。（　　）

（三）鉴定范围：绘制二维图

1.三角板是描图的专用工具。（　　）

2.描图的一般程序为：描中心线、轴线、细实线的圆或圆弧及虚线的圆或圆弧，细实线、波浪线、粗实线的圆或圆弧，粗实线，各种符号、箭头，书写各种数字和汉字，仔细校对检查。（　　）

3.直线的描绘原则是由上至下、由左至右、先画横线、后画竖线。（　　）

4.描图的校对方法有：直接对照法、滚动对照法、灯箱透视法。（　　）

5.修图中常用的方法有：刀片刮图法、切除修补法、擦墨灵除墨线法、化学溶液除墨线法。（　　）

6.描图中描大圆时，应采用加长杆的方法。（　　）

7.鸭嘴笔由笔杆和两个三角形状的钢片组成，两个钢片的中部有一颗用来调节距离的螺钉。（　　）

8.为使作图连续性好，鸭嘴笔的加墨量越多越好。（　　）

9.用鸭嘴笔描线时，笔杆向画线前进方向倾斜 45° 左右，并使笔的运动位于图纸的垂直面内。（　　）

10.鸭嘴笔由塑料笔杆、笔尖、圆规插脚套及笔帽等部分组成。（　　）

11.描图纸上出现错画线和墨渍时，应待墨水完全晾干后，再用刀片轻轻刮去即可。（　　）

12.一直线（或一平面）对另一直线（或平面）的倾斜程度称为斜度，其大小用该直线（或平面）的余切值来表示。（UG）

13.正圆锥的底圆直径与高度之比即为锥度。（　　）

14.斜度的符号是 $\angle 1 : 4$。（　　）

15.某一圆锥面的锥度表示为 $\angle 1 : 4$（　　）

16.圆内接正六边形作图可以用 45° 三角板完成。（　　）

17.用圆弧连接两已知线段的种类包括直线与直线、直线与圆弧、圆弧与圆弧。（　　）

18.用半径为 R 的圆弧连接两已知非正交直线，圆心的求法是分别做与两已知直线距离为 R 的平行线，其交点即为连接圆弧的圆心。（　　）

19.用半径为 R 的圆弧连接两已知正交直线，以两直线的交点为圆心，以 R 为半径画圆弧，圆弧与两直线的交点即为连接圆弧的连接点，以连接点为圆心，以 R 为半径画圆弧，两圆弧的交点即为连接弧的圆心。（　　）

20. 用半径为 R 的圆弧外连接两已知圆弧和直线，已知圆弧的半径为 R_1，圆心的求法是作与已知直线距离为 R 的平行线，以已知圆弧的圆心为圆心，以 R_1-R 为半径画圆弧，圆弧与平行线的交点即为连接圆弧的圆心。　　　　　　　　　　　　　　　　　　　（　　）

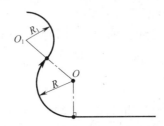

21. 已知两圆弧的圆心和半径分别是 O_1、R_1 和 O_2、R_2，连接圆弧半径为 R，与已知圆弧外切时，圆心的求法是分别以 O_1、O_2 为圆心，以 R_1+R、R_2+R 为半径画圆弧，所得交点即为连接圆弧的圆心。　　　　　　　　　　　　　　　　　　　（　　）

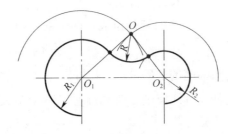

22. 已知两圆弧的圆心和半径分别是 O_1、R_1 和 O_2、R_2，连接圆弧半径为 R，与已知圆弧内切时，圆心的求法是分别以 O_1、O_2 为圆心，以 R_1+R、R_2+R 为半径画圆弧，所得交点即为连接圆弧的圆心。　　　　　　　　　　　　　　　　　　　（　　）

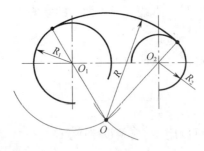

23. 平面图形中，尺寸的类型有总体尺寸和定位尺寸。　　　　　　　　　　　　（　　）

24. 平面图形中，按尺寸齐全与否，线段可分为已知线段、中间线段和连接线段。

　　　　　　　　　　　　　　　　　　　　　　　　　　　　　　　　　　　（　　）

25. 平面图形的作图步骤是，先画基准线和已知线段，后画中间线段和连接线段。

　　　　　　　　　　　　　　　　　　　　　　　　　　　　　　　　　　　（　　）

26. 三投影面体系中竖直位置的投影面是水平投影面。　　　　　　　　　　　　（　　）

27. 三投影面体系中正投影面用 V 表示。　　　　　　　　　　　　　　　（　　）

28. 制图标准规定，三投影面展开时水平投影面的旋转是，V 面不动，H 面向下旋转 180°与 V 面重合。　　　　　　　　　　　　　　　　　　　　　　　　　　（　　）

29. 制图标准规定，三投影面展开时侧投影面的旋转是，V 面不动，W 面向右旋转 180° 与 V 面重合。　　　　　　　　　　　　　　　　　　　　　　　　　　　　（　　）

30. 制图标准规定，物体的三视图是指主视图、左视图、俯视图。　　　（　　）

31. 主视图反映物体上、下、左、右的相对位置关系。　　　　　　　　（　　）

32. 俯视图反映物体上、下的相对位置关系。　　　　　　　　　　　　（　　）

33. 左视图反映物体前、后和上、下的相对位置关系。　　　　　　　　（　　）

34. 三视图中主视图与俯视图之间反映长度对正的投影规律。　　　　　（　　）

35. 主视图与左视图具有高度平齐的投影规律。　　　　　　　　　　　（　　）

36. 俯视图与左视图之间具有宽度一致的投影规律。　　　　　　　　　（　　）

37. 基本几何体分为曲面立体和平面立体两大类。　　　　　　　　　　（　　）

38. 正棱柱体的棱线与底面垂直。　　　　　　　　　　　　　　　　　（　　）

39. 正棱锥体的棱线相交于一点。　　　　　　　　　　　　　　　　　（　　）

40. 在正棱柱的三视图中，其中有两个视图反映棱线的实长。　　　　　（　　）

41. 正棱锥的各个棱面在三个视图中均不反映实形。　　　　　　　　　（　　）

42. 在一个圆柱体的三视图中，投影为两个圆和一个矩形。　　　　　　（　　）

43. 一圆对应两个三角形的三视图，表达的是一个正圆锥。　　　　　　（　　）

44. 圆球的三个视图均为直径等于球面直径的圆。　　　　　　　　　　（　　）

45. 棱柱体的尺寸标注一般有 3 个尺寸。　　　　　　　　　　　　　　（　　）

46. 棱锥体的尺寸标注一般有 2 个尺寸。　　　　　　　　　　　　　　（　　）

47. 圆柱体只需标注 1 个尺寸。　　　　　　　　　　　　　　　　　　（　　）

48. 圆锥体只需标注 2 个尺寸。　　　　　　　　　　　　　　　　　　（　　）

49. 球体在直径尺寸数字前加注"Φ"。　　　　　　　　　　　　　　（　　）

50. 带切口立体应标注该立体未截切前的原形尺寸和切口处各截平面的定形尺寸。
　　　　　　　　　　　　　　　　　　　　　　　　　　　　　　　　（　　）

51. 圆柱体截交线的种类有 3 种情况。　　　　　　　　　　　　　　　（　　）

52. 直径不等的两圆柱体轴线垂直相交时，相贯线的投影不可以采用近似画法。（　　）

53. 由两个或两个以上的基本几何体构成的立体称为组合体。　　　　　（　　）

54. 两形体表面共面时，相接处应画分界线。　　　　　　　　　　　　（　　）

55. 两形体之间有分界线时，说明两形体的组合形式是相切的。　　　　（　　）

56. 两形体相交组合时，相交处一定有交线。 （ ）

57. 组合体尺寸标注的基本要求是齐全、清晰、合理。 （ ）

58. 由于组合体有长、宽、高三个方向的尺寸，所以每个方向至少有一个尺寸基准。

（ ）

59. 组合体的尺寸基准和辅助尺寸基准之间不应有尺寸相联系。 （ ）

60. 组合体尺寸标注尺寸齐全的要求是尺寸不能遗漏，也不能多余。 （ ）

61. 组合体尺寸标注尺寸清晰是指尺寸布局要醒目，便于看图。 （ ）

62. 主视图、俯视图、左视图、右视图、仰视图和后视图均称为基本视图。 （ ）

63. 俯视图、仰视图、主视图、右视图符合宽度一致的投影规律。 （ ）

64. 六个基本视图的配置中后视图在主视图的上方且长对正。 （ ）

65. 六个基本视图中右视图反映物体的上、下、前、后方位关系。 （ ）

66. 六个基本视图中后视图反映物体的前、后、左、右方位关系。 （ ）

67. 六个基本视图中仰视图反映物体的上、下、左、右方位关系。 （ ）

68. 局部视图是在基本投影面上得到的不完整的基本视图。 （ ）

69. 画局部视图时断裂边界线一般是用波浪线表示。 （ ）

70. 局部视图的位置尽量配置在投影方向上，并与原视图保持其投影关系。 （ ）

71. 当局部视图按投影关系配置，中间又无其他视图隔开时，必须省略标注。 （ ）

72. 剖视图是假想用剖切面将机件剖开后而得到的一种视图，主要表达其内部结构。

（ ）

73. 制图标准规定，剖视图分为全剖视图、半剖视图和局部剖视图。 （ ）

74. 剖视图中剖切面的形式有单一剖切面、几个平行的剖切面、两相交剖切面、组合剖切面和斜剖剖切面五种。 （ ）

75. 在剖视图中，用两相交的剖切平面、组合的剖切平面剖开机件的方法，不论绘制的是哪种剖视图，都必须进行标注。 （ ）

76. 剖视图中，凡同一机件各个剖视图中的剖面符号应相同。 （ ）

77. 用剖切面将机件完全剖开所得到的剖视图，称为全剖视图。 （ ）

78. 机件被剖开后，将处在剖切面之上的所有可见轮廓线都应画齐。 （ ）

79. 全剖视图一般适用于外形较复杂的机件。 （ ）

80. 当机件不具有对称平面时，可以以对称中心线为界，一半画成剖视图，另一半画成视图，这种图形称为半剖视图。 （ ）

81. 在半剖视图中，半个外形视图中的内部虚线必须画出。 （ ）

82. 用剖切面局部地剖开机件所得到的剖视图，称为半剖视图。 （ ）

83. 在局部剖视图中，用波浪线表示剖开部分与未剖开部分的分界线。　（　　）

84. 在局部剖视图中，剖开部分与未剖开部分的分界线应该用细实线绘制。　（　　）

85. 断面图是假想用剖切平面将机件的某处切断，仅画出的断面图形。　（　　）

86. 移出断面图和重合断面图均画在图形里边。　（　　）

87. 画在视图外面且外形轮廓线用粗实线绘制的断面图称为移出断面图。　（　　）

88. 移出断面图要尽量按投影关系配置。　（　　）

89. 配置在剖切平面延长线上的对称移出断面图，可以省略标注。　（　　）

90. 剖切后将断面图形绕剖切位置线旋转，使它重叠在视图上，这样得到的断面图称为重合断面图。　（　　）

91. 画在视图里面，轮廓线用细实线绘制的断面图称为重合断面图。　（　　）

92. 重合断面图图形不对称时必须标注。　（　　）

93. 计算机绘图软件 UG NX 的用户界面是由菜单条、工具条、图形窗口、标题栏、资源条等项目组成。　（　　）

94. 使用 UG NX 绘图时，每项任务都对应一个命令，发出命令的途径较多，使用鼠标点击菜单、点击工具栏按钮，在命令行使用键盘输入命令均可发出一个命令。　（　　）

95. 使用 UG NX 绘图时，通过旋转鼠标滚轮可以放大或缩小视图。　（　　）

96. 点击 UG NX"文件"菜单中的"保存"命令可以保存已绘制好的模型。　（　　）

97. 在 UG NX"编辑"菜单中，"重作"命令可以恢复任意一次使用"撤销"操作命令取消的操作。　（　　）

98. 点击 UG NX"窗口"菜单中的"横向平铺"命令可以纵向排列多个子窗口。　（　　）

99. 进入 UG NX 草图时，草图平面会自动成为系统默认的 XY 平面。　（　　）

100. UG NX 中，草图中的约束包括几何约束和尺寸约束。　（　　）

101. 根据零件的结构特点可将零件分为 6 类：轴套类、盘盖类、箱壳类、叉架类、薄板弯制类和镶合件类。　（　　）

102. 轴套类、盘盖类零件主要是在普通车床上进行加工，选择主视图时应将其轴线水平放置以符合加工位置。　（　　）

103. 零件图主视图的选择应考虑四项原则：主要结构用基本视图、次要结构或局部形状用局部视图或断面、细小结构用局部放大图或规定画法、尽量符合投影关系和减少虚线。　（　　）

104. 轴套类零件各段回转体均为实心结构。　（　　）

105. 选择轴套类零件的主视图时，应使轴线处于水平位置且反映形体结构特点。

                    （ ）

106. 轴套类零件其他视图的选择，常用断面和局部放大图。 （ ）

107. 由同轴回转体组合而成的零件是盘盖类零件。   （ ）

108. 盘盖类零件的主视图一般采用全剖或旋转剖，其轴线按垂直位置放置。（ ）

109. 盘盖类零件上的孔、槽、轮辐等结构的分布状况，一般采用左视图来表示。

                    （ ）

110. 零件图的尺寸标注，应做到正确、完整、清晰、合理。 （ ）

111. 零件图上常用的尺寸基准一般是对称面、结合面、较大的加工面和回转体的轴线
等。   （ ）

112. 零件图上合理标注尺寸应做到重要尺寸直接注出、避免出现封闭尺寸链和便于加
工与测量。   （ ）

113. 螺纹的结构要素是：牙型、直径、螺距和导程、线数、旋向。 （ ）

114. 螺纹的顶径就是螺纹的大径。   （ ）

115. 螺纹按旋向分为右旋和左旋两种。   （ ）

116. 在外螺纹投影为圆的视图中，螺纹部分的倒角圆用粗实线表示。 （ ）

117. 内螺纹的小径用粗实线，大径用细实线，反映圆的视图上大径用细实线圆、小径
用四分之三圈粗实线圆，螺纹终止线用粗实线绘制。 （ ）

118. 画螺纹连接的剖视图时，剖面线应画到外螺纹的大径线或内螺纹的小径线。

                    （ ）

119. 螺纹的旋合长度分短、中等和长三种，分别用字母 S、N、L 表示。 （ ）

120. 零件加工表面上具有较小间距的凸峰和凹谷所组成的微观几何形状误差，称为表
面粗糙度。   （ ）

121. 尺寸公差是指允许的尺寸变动量。   （ ）

122. 形位公差是指零件的形状和位置误差所允许的最大变动量。 （ ）

（四）鉴定范围：绘制三维图

1. 光线垂直于投影面的轴测图叫正轴测投影。   （ ）

2. 正等轴测图中轴间角角度是 120°。   （ ）

3. 正等轴测图的轴向简化伸缩系数为 1。   （ ）

4. 国家标准推荐的轴测投影是：正等测、正二测、正三测。 （ ）

5. 在正等轴测图中，3 根直角坐标轴与轴测投影面的倾斜角度相等。 （ ）

6. 在正等轴测投影图中，采用简化轴向变形系数，平行于坐标面的椭圆的长轴等于圆

的直径的 1.22 倍。 （ ）

7. 四心圆法画椭圆，切点在两圆圆心的连线上。 （ ）

8. 在画三视图时，一旦主视图投影方向确定，左视图和俯视图的投影方向也就确定了。

（ ）

9. 在轴测图上作剖切，一般情况下作 1/4 剖切。 （ ）

10. 描正等轴测图时，同一方向的线条应一次描完。 （ ）

11. UG NX 中，圆弧不属于基本曲线。 （ ）

12. UG NX 中，拉伸特征是将截面轮廓草图通过拉伸生成实体或片体。 （ ）

13. UG NX 中，在建立孔特征时，不能建立基准平面以作为放置面。 （ ）

14. UG NX 中，倒斜角功能用于在已存在的实体上沿指定的边缘作倒角操作。 （ ）

（五）鉴定范围：图档管理

1. 折叠后的图纸幅面一般应有 A3 或 A2 的规格。 （ ）

2. 折叠后图纸的标题栏应露在左上角外边。 （ ）

3. 有装订边的复制图折叠，首先沿着标题栏的长边方向折叠，然后沿着标题栏的短边方向折叠。 （ ）

4. 有装订边的复制图折叠，最后折成 A3 或 A4 的规格，使标题栏露在外边。 （ ）

5. 无装订边的复制图折叠，首先沿着标题栏的长边方向折叠，然后沿着标题栏的短边方向折叠。 （ ）

6. 无装订边的复制图折叠，最后折成 190 mm×297 mm 或 297 mm×400 mm 的规格，使技术说明露在外边。 （ ）

7. 对有装订边的图纸，应当在图纸的装订边处进行装订。 （ ）

8. 装订成册的图纸每 10 册应有目录页。 （ ）

9. 装订前，应按目录内容认真检查每张图纸，看图纸是否损坏，图形是否正确。

（ ）

10. 对于无装订边的图纸，如果需要装订，应按有装订边图纸的方法进行装订。（ ）

第三节 初级操作技能习题选

一、草绘图形

要求：准确按样图尺寸绘图，删除多余的线条。

1. 习题1

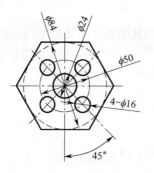

2. 习题2

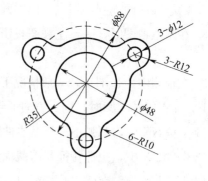

3. 习题3

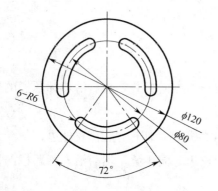

4. 习题4

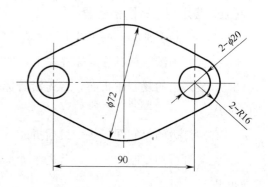

5. 习题5

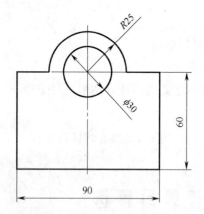

6. 习题6

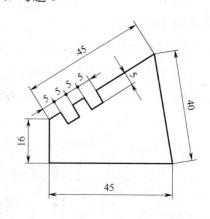

二、创建三维模型

要求：依据图样，按尺寸准确创建三维模型。

1. 习题1

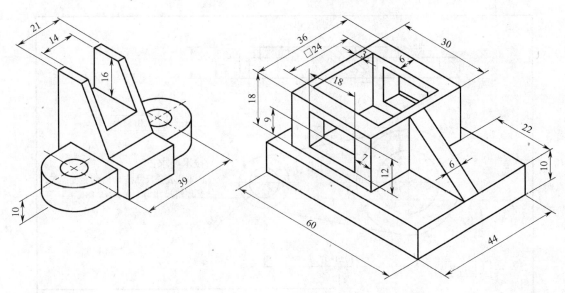

2. 习题2

3. 习题3

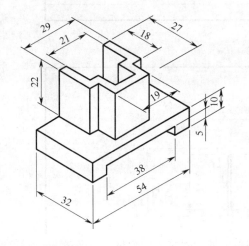

4. 习题4

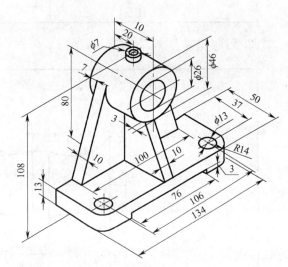

三、零件工程图

要求：

（1）按照样图，使用已创建好的实体模型按第一角画法创建零件工程图。

（2）零件结构表达清楚，布局合理美观。

（3）按照样图标注尺寸及公差、形位公差、表面粗糙度、技术要求等。

（4）图框、标题栏正确完整。

1. 习题 1

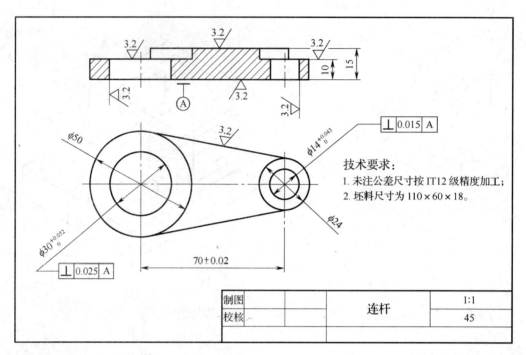

技术要求：
1. 未注公差尺寸按 IT12 级精度加工；
2. 坯料尺寸为 110×60×18。

制图		连杆	1:1
校核			45

2. 习题 2

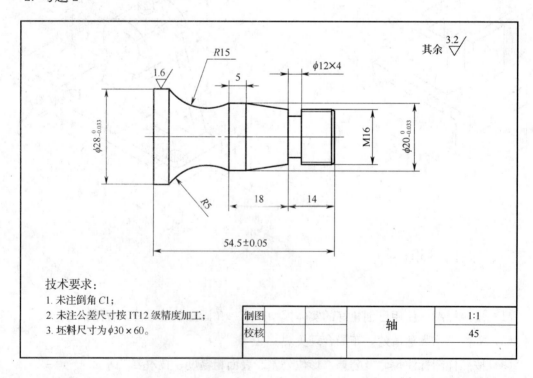

技术要求：
1. 未注倒角 C1；
2. 未注公差尺寸按 IT12 级精度加工；
3. 坯料尺寸为 φ30×60。

制图		轴	1:1
校核			45

3. 习题 3

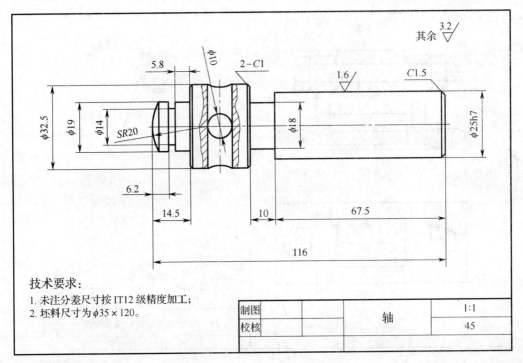

技术要求：
1. 未注分差尺寸按 IT12 级精度加工；
2. 坯料尺寸为 $\phi 35 \times 120$。

制图		轴	1:1
校核			45

4. 习题 4

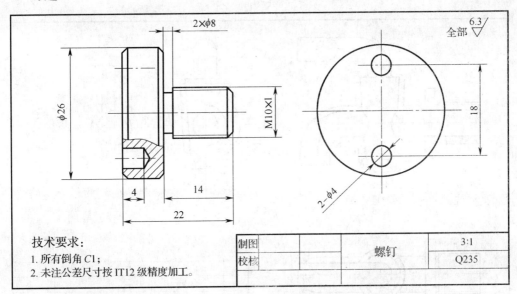

技术要求：
1. 所有倒角 C1；
2. 未注公差尺寸按 IT12 级精度加工。

制图		螺钉	3:1
校核			Q235

四、产品装配

要求：（1）将"装配模型"文件夹内的零件模型按图样进行装配。

（2）装配位置、装配关系要正确。

1. 习题1

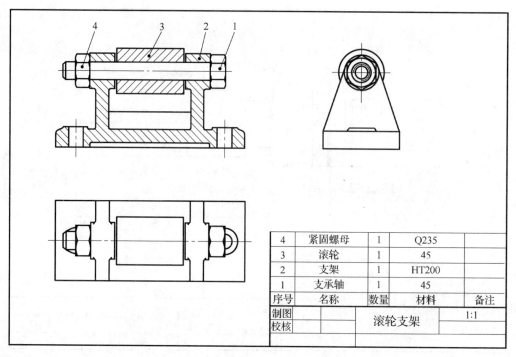

4	紧固螺母	1	Q235	
3	滚轮	1	45	
2	支架	1	HT200	
1	支承轴	1	45	
序号	名称	数量	材料	备注
制图			滚轮支架	1:1
校核				

2. 习题2

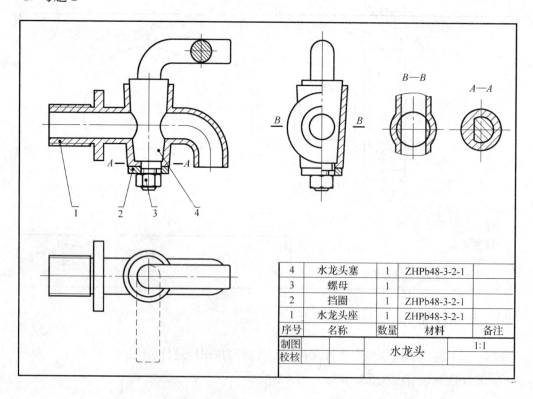

4	水龙头塞	1	ZHPb48-3-2-1	
3	螺母	1		
2	挡圈	1	ZHPb48-3-2-1	
1	水龙头座	1	ZHPb48-3-2-1	
序号	名称	数量	材料	备注
制图			水龙头	1:1
校核				

3. 习题 3

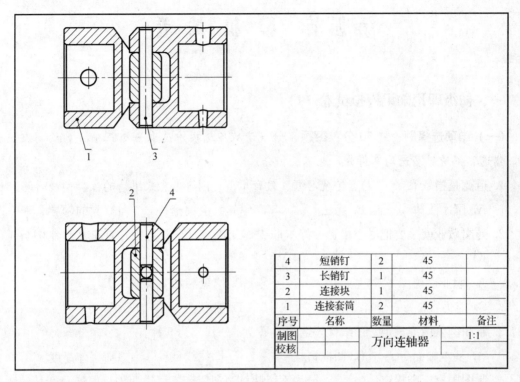

4	短销钉	2	45	
3	长销钉	1	45	
2	连接块	1	45	
1	连接套筒	2	45	
序号	名称	数量	材料	备注
制图			万向连轴器	1:1
校核				

4. 习题 4

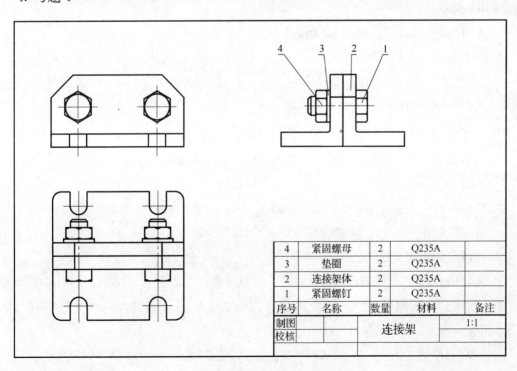

4	紧固螺母	2	Q235A	
3	垫圈	2	Q235A	
2	连接架体	2	Q235A	
1	紧固螺钉	2	Q235A	
序号	名称	数量	材料	备注
制图			连接架	1:1
校核				

第四节 模 拟 试 卷

一、初级理论知识模拟试卷（1）

（一）单项选择题：共 60 分，每题 1 分（请从备选项中选取一个正确答案填写在括号中。错选、漏选、多选均不得分，也不反扣分）

1. 道德是指依靠（ ）、传统习惯、教育示范和内心信念来维持的社会实践活动。

    A. 国家法律　　　　B. 宪法　　　　C. 社会舆论　　　　D. 党的领导

2. 爱岗敬业就是要把尽心尽责做好本职工作变成一种自觉行为，具有从事制图员工作的（ ）。

    A. 职业道德　　　　　　　　　　B. 自豪感和荣誉感

    C. 能力　　　　　　　　　　　　D. 热情

3. 制图国家标准规定，图纸优先选用的（ ）代号为 5 种。

    A. 基本幅面　　　B. 图框格式　　　C. 图线线型　　　D. 字体高度

4. 制图国家标准规定，（ ）分为不留装订边和留有装订边两种，但同一产品的图样只能采用一种格式。

    A. 图框格式　　　B. 图纸幅面　　　C. 基本图幅　　　D. 标题栏

5. 2∶1 是（ ）比例。

    A. 放大　　　　　B. 缩小　　　　　C. 优先选用　　　D. 尽量不用

6. 图纸中字体的宽度一般为字体高度的（ ）倍。

    A. 1/2　　　　　　B. 1/3　　　　　C. $h/\sqrt{2}$　　　　D. $h/\sqrt{3}$

7. 在机械制图同一图样中，粗线的宽度为 d，细线的宽度应为（ ）。

    A. $d/4$　　　　　　B. $d/2$　　　　　C. $2d$　　　　　D. $4d$

8. 机械图样中，表示不可见轮廓线采用（ ）线型。

    A. 粗实线　　　　B. 细实线　　　　C. 虚线　　　　　D. 波浪线

9. 两段点画线相交处应是（ ）。

    A. 线段交点　　　B. 间隙交点　　　C. 空白点　　　　D. 任意点

10. 图样上标注的尺寸，一般应由尺寸界线、尺寸线及其终端、尺寸数字（ ）组成。

    A. 三原则　　　　B. 三视图　　　　C. 三要素　　　　D. 三尺寸

11. 尺寸界线应由图形的轮廓线、轴线或对称中心线处引出，也可利用轮廓线、轴线或对称中心线作（   ）。

    A. 尺寸界线   B. 尺寸线   C. 尺寸线终端   D. 尺寸数字

12. 投射线通过（   ），向选定的面投射，并在该面上得到投影的方法称为投影法。

    A. 投影面   B. 投射面   C. 物体   D. 阳光

13. （   ）的投射中心位于有限远处。

    A. 中心投影法   B. 平行投影法   C. 正投影法   D. 斜投影法

14. 平行投影法中的投射线与投影面相（   ）时，称为正投影法。

    A. 倾斜   B. 垂直   C. 平行   D. 相交

15. 典型的微型计算机绘图系统可分成（   ）几部分组成。

    A. 主机、显示器、打印机、绘图机

    B. 主机、图形输入设备、图形输出设备、外存储器

    C. 主机、电源、显示器、鼠标、键盘

    D. 主机、电源、图形输入设备、鼠标、键盘

16. 图形输入设备有键盘、鼠标、（   ）、图形输入板等。

    A. 打印机   B. 硬盘   C. 数字化仪   D. 网卡

17. 零件按结构特点可分为（   ）。

    A. 轴套类、叶片类、叉架类、箱壳类和薄板类

    B. 轴套类、盘盖类、叉架类、箱壳类和薄板类

    C. 轴套类、盘盖类、支座类、箱壳类和薄板类

    D. 轴套类、盘盖类、叉架类、填料类和薄板类

18. 劳动合同是劳动者与用人单位确定劳动关系、明确双方（   ）的协议。

    A. 权利和义务   B. 条件和义务   C. 权利和条件   D. 条件和原则

19. 描图的（   ）有直接对照法、滚动对照法、灯箱透视法。

    A. 校对方法   B. 校对标准   C. 检查程序   D. 修改方法

20. 描图中描大圆时，应采用（   ）的方法。

    A. 加长杆   B. 换笔头   C. 换长针   D. 多加墨

21. （   ）的底圆直径与高度之比即为锥度。

    A. 圆柱   B. 正圆锥台   C. 正圆锥   D. 斜圆锥

22. 标注锥度时，锥度符号的方向应该与锥度方向（   ）。

    A. 成一定的角度   B. 一致或相反都可以

    C. 相反   D. 一致

23. 用圆弧连接两已知线段的种类包括（   ）。

   A. 直线与直线，圆弧与圆弧　　　　　　B. 直线与圆弧，圆弧与圆弧

   C. 圆弧与圆弧，直线与圆弧　　　　　　D. 直线与直线，直线与圆弧，圆弧与圆弧

24. 用半径为 R 的圆弧连接两已知正交直线，以两直线的交点为圆心，以（   ）为半径画圆弧，圆弧与两直线的交点即为连接圆弧的连接点。

   A. R　　　　　　B. $2R$　　　　　　C. $3R$　　　　　　D. $4R$

25. 平面图形中的尺寸类型，圆的直径尺寸属于（   ）。

   A. 总体尺寸　　　B. 定位尺寸　　　C. 定形尺寸　　　D. 外形尺寸

26. 平面图形的作图步骤是，画基准线，画（   ），画中间线段，画连接线段。

   A. 未知线段　　　B. 已知线段　　　C. 连接线段　　　D. 非连接线段

27. 三投影面体系中正投影面的代号是（   ）。

   A. V　　　　　　B. H　　　　　　C. W　　　　　　D. M

28. 三投影面展开时侧投影面的旋转是 V 面不动，W 面（   ）旋转 $90°$ 与 V 面重合。

   A. 向左　　　　　B. 向上　　　　　C. 向下　　　　　D. 向右

29. 左视图反映了物体上、下、（   ）的相对位置关系。

   A. 前、后　　　　B. 左、右　　　　C. 左、前　　　　D. 右、后

30. 基本几何体分为曲面立体和（   ）两大类。

   A. 棱柱　　　　　B. 棱锥　　　　　C. 棱台　　　　　D. 平面立体

31. 正棱锥体的棱线与底面（   ）。

   A. 垂直　　　　　B. 相交　　　　　C. 平行　　　　　D. 交叉

32. 正棱锥一面投影的外形轮廓是（   ）。

   A. 任意正多边形　B. 正多边形　　　C. 斜多边形　　　D. 斜三边形

33. 在一正圆锥体的三视图中，其中圆的图线代表（   ）。

   A. 锥面的投影　　B. 交线的投影　　C. 底面的投影　　D. 曲面的投影

34. 一个正四棱柱应该标注（   ）个尺寸。

   A. 5　　　　　　　B. 3　　　　　　　C. 4　　　　　　　D. 6

35. 圆柱体的尺寸标注需要标注（   ）和高度两个尺寸。

   A. 宽度　　　　　B. 直径　　　　　C. 长度　　　　　D. 斜度

36. "$S\Phi$" 表示（   ）的尺寸。

   A. 圆柱　　　　　B. 圆锥　　　　　C. 圆　　　　　　D. 球体

37. 圆柱体截交线的种类有（   ）种。

   A. 1　　　　　　　B. 2　　　　　　　C. 3　　　　　　　D. 4

38. 由两个或两个以上的基本几何体构成的立体称为（　　　）。

　　A. 组合体　　　　　B. 多形体　　　　　C. 叠加体　　　　　D. 相交体

39. 两曲面立体形体相切组合时，在相切处（　　　）。

　　A. 有切线　　　　　B. 有交线　　　　　C. 无分界线　　　　D. 有分界线

40. 组合体尺寸标注的基本要求是（　　　）。

　　A. 齐全、合理　　　　　　　　　　　B. 齐全、清晰、合理

　　C. 清晰、合理　　　　　　　　　　　D. 齐全、清晰

41. 组合体的尺寸基准和辅助尺寸基准之间应有（　　　）相联系。

　　A. 总体尺寸　　　B. 定形尺寸　　　C. 尺寸　　　　D. 长度尺寸

42. 组合体尺寸标注尺寸清晰是指尺寸布局要醒目，（　　　）。

　　A. 尺寸不能遗漏　　　　　　　　　　B. 尺寸要尽量多

　　C. 不能漏掉重要尺寸　　　　　　　　D. 便于看图

43. 用 UG NX 绘图软件时，使用鼠标左键点击（　　　）即可发出命令。

　　A. 菜单　　　　　B. 桌面　　　　　C. 界面　　　　　D. 命令

44. 使用 UG NX 打开现有的模型文件，正确的操作是（　　　）。

　　A. 点击"文件"菜单中的"新建"命令

　　B. 点击"文件"菜单中的"打开"命令

　　C. 点击"文件"菜单中的"保存"命令

　　D. 点击"文件"菜单中的"退出"命令

45. 选择零件主视图的三项原则是（　　　）。

　　A. 反映形状特征、符合加工位置、符合工作位置

　　B. 反映形状特征、符合加工位置、减少视图数量

　　C. 符合加工位置、充分利用图纸、图形布置合理

　　D. 符合工作位置、符合加工位置、充分利用图纸

46. （　　　）零件通常是由若干段直径不同的同轴回转体组成，在轴上常有轴肩、倒角、键槽、销孔、退刀槽、中心孔等结构。

　　A. 叉架类　　　　B. 箱壳类　　　　C. 盘盖类　　　　D. 轴套类

47. 轴套类零件其他视图的选择，常用断面和（　　　）。

　　A. 局部放大图　　B. 局部缩小图　　C. 半剖视图　　　D. 全剖视图

48. 盘盖类零件的主视图一般采用全剖或旋转剖，其轴线按（　　　）位置放置。

　　A. 水平　　　　　B. 竖直　　　　　C. 倾斜　　　　　D. 任意

49. 零件图的（　　　），应做到正确、完整、清晰、合理。

A. 图形绘制　　　B. 表达方案　　　C. 尺寸标注　　　D. 标题栏

50. 零件图上（　　）应做到重要尺寸直接注出、避免出现封闭尺寸链和便于加工与测量。

A. 正确标注尺寸　B. 完整标注尺寸　C. 清晰标注尺寸　D. 合理标注尺寸

51. 表示（　　）的直径称为公称直径，一般是指螺纹的大径。

A. 螺纹尺寸　　　B. 圆柱尺寸　　　C. 零件尺寸　　　D. 安装尺寸

52. 正轴测投影图中的轴间角是（　　）。

A. 相同的　　　　B. 不相同的　　　C. 有两个是相同的　D. 任意的

53. 在正等轴测图中，平行于坐标面的椭圆的长轴等于圆的（　　）。

A. 0.5 直径　　　B. 0.82 直径　　　C. 1.22 直径　　　D. 直径

54. 与轴测轴平行的线段，画在三视图上与投影轴（　　）。

A. 平行　　　　　B. 垂直　　　　　C. 倾斜　　　　　D. 相交

55. 描正等轴测图时，在同一类线形中，先描（　　）线，再描（　　）线。

A. 直　曲　　　　B. 直　斜　　　　C. 平行　垂直　　　D. 曲　直

56. UG NX 中的体分为（　　）。

A. 实体和片体　　B. 实体和固体　　C. 固体和片体　　D. 实体和薄体

57. UG NX 中，以下（　　）指令是作"加"的布尔运算。

A. 孔　　　　　　B. 腔体　　　　　C. 凸台　　　　　D. 球端槽

58. 折叠后图纸的标题栏应露在（　　）外边。

A. 左上角　　　　B. 左下角　　　　C. 右上角　　　　D. 右下角

59. 有装订边的复制图折叠，最后折成（　　）的规格。

A. A0 或 A1　　　B. A1 或 A2　　　C. A2 或 A3　　　D. A3 或 A4

60. 目录页中应列出本册每张图纸的（　　）和图号。

A. 内容　　　　　B. 名称　　　　　C. 材料　　　　　D. 质量

（二）判断题： 共 40 分，每题 1 分（正确的打"√"，错误的打"×"。错答、漏答均不得分，也不反扣分）

61. 同一职业的不同岗位，职业道德要求相同。　　　　　　　　（　　）

62. 爱岗敬业就是要不断学习，勇于创新。　　　　　　　　　　（　　）

63. 团结协作就是要顾全大局，要有团队精神。　　　　　　　　（　　）

64. 角度尺寸的标注方法与线性尺寸标注方法相同。　　　　　　（　　）

65. 铅芯削磨形状为矩形的铅笔用于写字和画细线。　　　　　　（　　）

66. 使用丁字尺画水平线时，应使尺头内侧紧靠图板左边上下移动。（　　）

67. 使用圆规画圆时，应尽可能使钢针和铅芯垂直于纸面。　　　　　　（　　）

68. 用圆规画大圆时，可用加长杆扩大所画圆的半径，使针脚和铅笔脚均与纸面保持平行。　　　　　　　　　　　　　　　　　　　　　　　　　　　　　　（　　）

69. 斜投影是中心投影。　　　　　　　　　　　　　　　　　　　　　（　　）

70. 用中心投影法将物体投影到投影面上所得到的投影称为透视投影。　　（　　）

71. 装配图既能表示机器性能、结构、工作原理，又能指导安装、调整、维护和使用。　　　　　　　　　　　　　　　　　　　　　　　　　　　　（　　）

72. 鸭嘴笔由笔杆和两个三角形状的钢片组成，两个钢片的中部有一个用来调节距离的螺钉。　　　　　　　　　　　　　　　　　　　　　　　　　　　　（　　）

73. 针管笔由塑料笔杆、笔尖、圆规插脚套及笔帽等部分组成。　　　　（　　）

74. 主视图、俯视图、左视图、右视图、仰视图和后视图均称为基本视图。（　　）

75. 六个基本视图的配置中仰视图在主视图的上方且长对正。　　　　　（　　）

76. 六个基本视图中后视图反映物体的上、下、左、右方位关系。　　　（　　）

77. 局部视图是在基本投影面上得到的不完整的基本视图。　　　　　　（　　）

78. 局部视图的位置尽量配置在投影方向上，并与原视图保持其投影关系。（　　）

79. 剖视图是假想用剖切面将机件剖开后而得到的一种视图，主要表达其内部结构。　　　　　　　　　　　　　　　　　　　　　　　　　　　　　　（　　）

80. 剖视图中剖切面的形式有单一剖切面、几个平行的剖切面、两相交剖切面、组合剖切面和斜剖剖切面五种。　　　　　　　　　　　　　　　　　　　（　　）

81. 剖视图中，凡同一机件各个剖视图中的剖面符号应相同。　　　　　（　　）

82. 剖视图是假想剖切画出的，所以与其相关的其他视图应保持完整。　（　　）

83. 当机件具有对称平面时，可以以对称中心线为界，一半画成剖视图，另一半画成视图，这种图形称为半剖视图。　　　　　　　　　　　　　　　　　（　　）

84. 用剖切面局部地剖开机件所得到的剖视图，称为半剖视图。　　　　（　　）

85. 波浪线是局部剖视图中剖开部分与未剖开部分的分界线，必须超出被剖开部分的轮廓线。　　　　　　　　　　　　　　　　　　　　　　　　　　　（　　）

86. 移出断面图只能画在箭头所指位置上。　　　　　　　　　　　　　（　　）

87. 移出断面图要尽量画在剖切符号的延长线上。　　　　　　　　　　（　　）

88. 剖切后将断面图形绕剖切位置线旋转，使它重叠在视图上，这样得到的断面图称为移出断面图。　　　　　　　　　　　　　　　　　　　　　　　　（　　）

89. 重合断面图图形不对称时必须标注。　　　　　　　　　　　　　　（　　）

90. 进入 UG NX 草图时，草图平面会自动成为系统默认的 XY 平面。　（　　）

91. UG NX 中，草图中的约束包括几何约束和尺寸约束。　　　　　　（　　）

92. 在外螺纹投影为圆的视图中，螺纹部分的倒角圆用粗实线表示。　（　　）

93. 画螺纹连接的剖视图时，剖面线应画到外螺纹的大径线或内螺纹的小径线。（　　）

94. 零件加工表面上具有较小间距的凸峰和凹谷所组成的微观几何形状误差，称为表面粗糙度。　　　　　　　　　　　　　　　　　　　　　　（　　）

95. 形位公差是指零件的形状和位置误差所允许的最大变动量。　　　（　　）

96. 正等轴测图中各轴间角之和约等于 720°。　　　　　　　　　　（　　）

97. 国家标准推荐的轴测投影是：正等测、正二测、斜二测。　　　　（　　）

98. UG NX 中，进行布尔运算操作时第一个选取的体对象是工具体。　（　　）

99. 无装订边的复制图折叠，最后折成 190 mm×297 mm 或 297 mm×400 mm 的规格，使技术说明露在外边。　　　　　　　　　　　　　　　　　　　（　　）

100. 对于无装订边的图纸，如果需要装订，应按有装订边图纸的方法进行装订。

二、初级理论知识模拟试卷（2）

（一）单项选择题：共 60 分，每题 1 分（请从备选项中选取一个正确答案填写在括号中。错选、漏选、多选均不得分，也不反扣分）

1. 职业道德是指从事一定职业的人们在职业实践活动中所应遵循的职业原则和规范，以及与之相应的（　　）、情操和品质。

　　A. 企业标准　　　　B. 道德观念　　　　C. 法律要求　　　　D. 工作要求

2. 职业道德能调节本行业中人与人之间、本行业与其他行业之间，以及（　　）之间的关系，以维持其职业的存在和发展。

　　A. 职工和家庭　　　　　　　　　　B. 社会失业率

　　C. 各行业集团与社会　　　　　　　D. 工作和学习

3. （　　）就是要做到自己绘制的每一张图纸都能符合图样的规定和产品的要求，为生产提供可靠的依据。

　　A. 爱岗敬业　　　　B. 注重信誉　　　　C. 讲究质量　　　　D. 积极进取

4. 制图国家标准规定，图纸幅面尺寸是由基本幅面尺寸的短边成（　　）数倍增加后得出的。

　　A. 偶　　　　　　　B. 奇　　　　　　　C. 小　　　　　　　D. 整

5. 制图国家标准规定，图纸的（　　）必须配置在图框的右下角位置。

　　A. 标题栏　　　　　B. 明细栏　　　　　C. 顺序号　　　　　D. 方向符

6. 制图国家标准规定，字体的号数，即字体的高度，单位为（　　）米。

A. 分   B. 厘   C. 毫   D. 微

7. 图纸中斜体字字头向右倾斜，与水平基准线成（   ）角。

     A. 75°   B. 60°   C. 45°   D. 30°

8. 目前，在（   ）中仍采用 GB 4457.4—2002 中规定的 9 种线型。

     A. 机械图样   B. 所有图样   C. 技术制图   D. 建筑制图

9. 机械图样中，表示尺寸界线及尺寸线采用（   ）线型。

     A. 粗实线   B. 细实线   C. 虚线   D. 波浪线

10. 在机械图样中，（   ）一般用于表示轴线、对称中心线、轨迹线和节圆及节线。

     A. 粗点画线   B. 细点画线   C. 粗实线   D. 细实线

11. 物体上的每一尺寸一般只标注（   ），并应注在反映该结构最清晰的图形上。

     A. 一次   B. 两次   C. 三次   D. 四次

12. 尺寸线终端形式有（   ）两种形式。

     A. 箭头和圆点   B. 箭头和斜线   C. 圆圈和圆点   D. 粗线和细线

13. 当标注（   ）尺寸时，尺寸线必须与所注的线段平行。

     A. 角度   B. 线性   C. 直径   D. 半径

14. 平行投影法分为（   ）两种。

     A. 中心投影法和平行投影法   B. 正投影法和斜投影法

     C. 主要投影法和辅助投影法   D. 一次投影法和二次投影法

15. 平行投影法的（   ）位于无限远处。

     A. 投影面   B. 投射中心   C. 投射线   D. 投影物体

16. 工程上常用的投影有多面正投影、轴测投影、透视投影和（   ）。

     A. 正投影   B. 斜投影   C. 中心投影   D. 标高投影

17. 以下应用软件（   ）属于计算机绘图软件

     A. WORD   B. EXCEL   C. AUTO CAD   D. WINDOWS

18. 一张完整的零件图应包括视图、尺寸、技术要求和（   ）。

     A. 细目栏   B. 标题栏   C. 列表栏   D. 项目栏

19. 装配图中不应包括（   ）。

     A. 视图   B. 尺寸   C. 技术规范   D. 技术要求

20. 描图的常用工具有鸭嘴笔、圆规、曲线板、三角板、（   ）等。

     A. 钢片   B. 刀片   C. 钢笔   D. 铅笔

21. 直线的描绘原则是由上至下、由左至右、（   ）。

     A. 先画竖线、后画横线   B. 先画横线、后画竖线

C. 由竖至横   D. 不分横竖

22. 修图中常用的方法有：刀片刮图法、（　　　）、擦墨灵除墨线法、化学溶液除墨线法。

     A. 除线修补法   B. 除线重画法   C. 切除修补法   D. 擦除重画法

23. 如果两直线（或平面）间夹角的正切是 0.25，那么斜度值是（　　　）。

     A. 1：1   B. 1：2   C. 1：4   D. 1：3

24. 圆内接正六边形作图可以用（　　　）完成。

     A. 曲线板   B. 圆规   C. 45°三角板   D. 直尺

25. 用半径为 R 的圆弧连接两已知非正交直线，圆心的求法是分别作与两已知直线距离为（　　　）的平行线，其交点即为连接圆弧的圆心。

     A. R B. $2R$ C. $3R$ D. $4R$

26. 用半径为 R 的圆弧外连接两已知圆弧和直线，已知圆弧的半径为 R_1，圆心的求法是作与已知直线距离为（　　　）的平行线，以已知圆弧的圆心为圆心，以 R_1+R 为半径画圆弧，圆弧与平行线的交点即为连接圆弧的圆心。

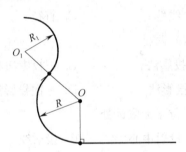

     A. R B. $2R$ C. $3R$ D. $4R$

27. 平面图形中，按尺寸齐全与否，线段可分为（　　　）类。

     A. 2   B. 3   C. 4   D. 5

28. 三投影面展开时水平投影面的旋转是 V 面不动，H 面向下旋转 90°与（　　　）。

     A. H 面重合   B. W 面重合   C. O 面重合   D. V 面重合

29. 物体的三视图是指（　　　）。

     A. 主视图、右视图、俯视图   B. 左视图、右视图、俯视图

     C. 俯视图、左视图、主视图   D. 俯视图、左视图、后视图

30. 俯视图反映了物体前、后、（　　　）的相对位置关系。

     A. 上、下   B. 左、右   C. 上、左   D. 上、右

31. 三视图的投影规律中主视图与（　　　）的关系是长对正。

     A. 俯视图   B. 左视图   C. 后视图   D. 右视图

32. 正棱柱体的棱线之间互相（　　）。

    A. 垂直　　　　　　B. 交叉　　　　　　C. 平行　　　　　　D. 相交

33. 正棱柱的三个投影中正多边形投影（　　）。

    A. 反映实形　　　　B. 小于实形　　　　C. 大于实形　　　　D. 反映积聚性

34. 圆柱体三视图的几何特点是（　　）。

    A. 两个矩形和一个圆视图　　　　　　　　B. 两个圆视图

    C. 一个矩形视图　　　　　　　　　　　　D. 一个圆和一个矩形视图

35. 在圆球的三视图中，水平投影的圆反映了（　　）。

    A. 前后半球分界线圆的投影　　　　　　　B. 球面的最小直径

    C. 球面的半径　　　　　　　　　　　　　D. 上下半球分界线圆的投影

36. 棱锥体的尺寸标注一般有（　　）个尺寸。

    A. 4　　　　　　　B. 3　　　　　　　C. 2　　　　　　　D. 1

37. 带切口立体应标注该立体未截切前的（　　）和切口处各截平面的定位尺寸。

    A. 定形尺寸　　　　B. 原形尺寸　　　　C. 总体尺寸　　　　D. 定位尺寸

38. 直径不等的两圆柱体轴线垂直相交时，相贯线的投影可以采用（　　）画法。

    A. 比例　　　　　　B. 类似　　　　　　C. 近似　　　　　　D. 省略

39. 两形体表面共面时，相接处（　　）分开。

    A. 无线　　　　　　B. 相交　　　　　　C. 有线　　　　　　D. 相切

40. 两曲面立体相交时，交线是两曲面立体的（　　）。

    A. 分界线　　　　　B. 空间曲线　　　　C. 平面曲线　　　　D. 公切线

41. 组合体尺寸标注的要求是（　　）。

    A. 不能漏掉重要尺寸　　　　　　　　　　B. 尺寸要尽量多

    C. 尺寸要尽量少　　　　　　　　　　　　D. 标注尺寸齐全

42. （　　）不是计算机绘图软件 UG NX 用户界面的组成部分。

    A. 状态栏　　　　　B. 工具条　　　　　C. 标题栏　　　　　D. 细目栏

43. 使用 UG NX 绘图时，放大或缩小视图，正确的操作是（　　）。

    A. 单击鼠标左键　　B. 单击鼠标右键　　C. 单击鼠标中键　　D. 旋转鼠标滚轮

44. 根据零件的结构特点可将零件分为 6 类：（　　）。

    A. 黑色金属类、有色金属类、合金类、非金属类、特制类、其他类

    B. 特大类、大型类、中型类、小型类、特小类、微型类

    C. 铸造类、锻压类、焊接类、机加工类、毛坯类、精铸类

    D. 轴套类、盘盖类、箱壳类、叉架类、薄板弯制类和镶合件类

45. 零件图（　　）的选择应考虑四项原则：主要结构用基本视图、次要结构或局部形状用局部视图或断面、细小结构用局部放大图或规定画法、尽量符合投影关系和减少虚线。

    A. 主视图　　　　　　B. 其他视图　　　　　C. 辅助视图　　　　　D. 规定视图

46. 选择轴套类零件的主视图时，应使轴线处于水平位置且（　　）。

    A. 反映形体结构特点　　　　　　　　B. 不反映形体结构特点

    C. 反映零件材料特点　　　　　　　　D. 反映圆形结构特点

47. 盘盖类零件由在同一轴线上的不同直径的圆柱面或少量非圆柱面组成，其厚度相对于直径来说比较小，（　　）。

    A. 常有一些孔、槽、筋和轮辐等结构

    B. 常有凸台、底座、中心孔等结构

    C. 常有轴承座、加油孔、放油孔等结构

    D. 常有铸造圆角、拔模斜度等结构

48. 盘盖类零件上的孔、槽、轮辐等结构的分布状况，一般采用（　　）来表示。

    A. 主视图　　　　　　B. 左视图　　　　　　C. 全剖视图　　　　　D. 斜剖视图

49. 零件图上常用的尺寸基准一般是对称面、结合面、较大的加工面和（　　）等。

    A. 回转体的两端　　　　　　　　　　B. 回转体的外圆

    C. 回转体的断面　　　　　　　　　　D. 回转体的轴线

50. 螺纹的五大结构要素是（　　）。

    A. 直径、牙型、螺距、线数、旋向

    B. 小径、牙型、导程、线数、旋向

    C. 公称尺寸、牙型、螺距、线数、旋向

    D. 牙型、直径、螺距和导程、线数、旋向

51. 轴测投影是由（　　）投射而成的。

    A. 交叉光线　　　　　B. 平行光线　　　　　C. 散射光线　　　　　D. 垂直光线

52. 正等轴测图按轴向简化系数画图，当一个轴的轴向变形率扩大了 n 倍，其余两个轴的变形率扩大了（　　）倍。

    A. 1.22　　　　　　　B. 1.5　　　　　　　　C. 0.82　　　　　　　D. n

53. 在正等轴测图中，3 个直角坐标面与轴测投影面的夹角（　　）。

    A. 不等　　　　　　　　　　　　　　B. 相等

    C. 两个为 $90°$，一个为 $45°$　　　　　D. 两个为 $120°$，一个为 $90°$

54. 四心圆法画椭圆，大圆圆心在（　　）上。

    A. 长轴　　　　　　　B. 短轴　　　　　　　C. X 轴　　　　　　　D. Z 轴

55. 由轴测剖视图画主视图，轴测图上前方的断面就是（ ）视图的形状。

    A. 左   B. 右   C. 俯   D. 主

56. UG NX 中，曲线中的多边形生成方式有：内接半径、多边形边数和（ ）三种方式。

    A. 外切圆半径   B. 外切圆直径   C. 多边形边长   D. 多边形内角

57. UG NX 中，基本体素不包括（ ）。

    A. 长方体   B. 圆柱体   C. 圆台   D. 圆锥体

58. 折叠后的图纸幅面一般应有 A4 和（ ）的规格。

    A. A0   B. A1   C. A2   D. A3

59. 有装订边的复制图折叠，首先沿着标题栏的（ ）方向折叠。

    A. 短边   B. 长边   C. 对角线   D. 中边

60. 对有装订边的图纸，应当在（ ）处进行装订。

    A. 标题栏   B. 明细表   C. 技术要求   D. 装订边

（二）判断题：共 40 分，每题 1 分（正确的打"√"，错误的打"×"。错答、漏答均不得分，也不反扣分）

61. 制图员的职业道德是制图员自我完善的必要条件，是制图员职业活动的指南。（ ）

62. 讲究质量就是要做到自己绘制的每一张图纸都能符合图样的规定和产品的要求，为生产提供可靠的依据。（ ）

63. 斜度的符号是∠1∶4。（ ）

64. 圆内接正六边形作图可以用 45°三角板完成。（ ）

65. 对球面标注尺寸时，一般应在 Φ 或 R 前加注"球"。（ ）

66. 铅芯有软、硬之分，"B"表示软，"H"表示硬。（ ）

67. 画图时，铅笔在前后方向应与纸面倾斜，而且向画线前进方向倾斜约 30°。（ ）

68. 丁字尺与三角板随意配合，便可画出各种倾斜线。（ ）

69. 圆规使用铅芯的硬度规格要比画直线的铅芯软一级。（ ）

70. 由于多面正投影直观性差，立体感不强，所以必须把多个投影结合起来构思，才能得出物体的完整形象。（ ）

71. 用平行投影法沿物体不平行于直角坐标平面的方向，投影到轴测投影面上所得到的投影称为轴测投影。（ ）

72. 计算机绘图的方法分为交互绘图和编程绘图两种。（ ）

73. 工资一般包括计时工资、计件工资、奖金、津贴和补贴、延长工作时间的工资报酬及特殊情况下支付的工资。（ ）

74. 为使作图连续性好，鸭嘴笔的加墨量越多越好。　　　　　　　　　　（　　）

75. 描图纸上出现错画线和墨渍时，应待墨水完全晾干后，再用刀片轻轻刮去即可。

　　　　　　　　　　　　　　　　　　　　　　　　　　　　　　　（　　）

76. 六个基本视图的投影规律之一是：主视图、左视图、仰视图、俯视图长度相等。

　　　　　　　　　　　　　　　　　　　　　　　　　　　　　　　（　　）

77. 六个基本视图中右视图反映物体的上、下、左、右方位关系。　　　　（　　）

78. 六个基本视图中仰视图反映物体的左、右、前、后方位关系。　　　　（　　）

79. 画局部视图时断裂边界线一般是用点画线表示。　　　　　　　　　　（　　）

80. 局部视图上方应标出视图的名称"x"，在相应视图附近用箭头指明投影方向，并注上相同的字母。　　　　　　　　　　　　　　　　　　　　　　　　　（　　）

81. 制图标准规定，剖视图分为全剖视图和局部剖视图两种。　　　　　　（　　）

82. 在剖视图中，用两相交的剖切平面、组合的剖切平面剖开机件的方法，不论绘制的是哪种剖视图，都必须进行标注。　　　　　　　　　　　　　　　　　（　　）

83. 用剖切面将机件完全剖开所得到的剖视图，称为全剖视图。　　　　　（　　）

84. 全剖视图一般适用于外形较简单的机件。　　　　　　　　　　　　　（　　）

85. 在半剖视图中，半个外形视图中的内部虚线必须画出。　　　　　　　（　　）

86. 在局部剖视图中，用波浪线表示剖开部分与未剖开部分的分界线。　　（　　）

87. 断面图是假想用剖切平面将机件的某处切断，仅画出的断面图形。　　（　　）

88. 移出断面图不能画在视图的中断处。　　　　　　　　　　　　　　　（　　）

89. 配置在剖切平面延长线上的对称移出断面图，可以省略标注。　　　　（　　）

90. 画在视图里面，轮廓线用细实线绘制的断面图称为重合断面图。　　　（　　）

91. UG NX 中，要添加的草图曲线必须预先建立在草图中，可以是非草图曲线。

　　　　　　　　　　　　　　　　　　　　　　　　　　　　　　　（　　）

92. 螺纹按旋向分为右旋和左旋两种。　　　　　　　　　　　　　　　　（　　）

93. 内螺纹的小径用粗实线，大径用细实线，反映圆的视图上大径用细实线圆、小径用 3/4 圈粗实线圆，螺纹终止线用粗实线绘制。　　　　　　　　　　　　　（　　）

94. 螺纹的旋合长度分短、中等和长三种，分别用字母 S、N、L 表示。　（　　）

95. 尺寸公差是指允许的尺寸最大偏差。　　　　　　　　　　　　　　　（　　）

96. 光线倾斜于投影面的轴测图叫正轴测投影。　　　　　　　　　　　　（　　）

97. 正等轴测图的轴向简化伸缩系数为 1。　　　　　　　　　　　　　　（　　）

98. UG NX 中，在建立孔特征时，不能建立基准平面以作为放置面。　　（　　）

99. 无装订边的复制图折叠，首先沿着标题栏的长边方向折叠，然后沿着标题栏的短边

方向折叠。 （ ）

100. 装订前，应按目录内容认真检查每张图纸，看图纸是否损坏，图形是否正确。

（ ）

三、初级操作技能模拟试卷（1）

试题 1. 草绘图形（10 分）

考核要求：

(1) 准确按图样 1 尺寸绘图。

(2) 删除多余的线条。

(3) 将完成的图形以 Tasl. prt 存入考生自己的子目录。

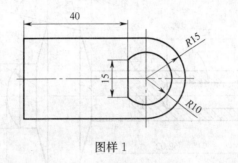

图样 1

试题 2. 创建三维模型（35 分）

考核要求：

(1) 依据图样 2，按尺寸准确创建三维模型。

(2) 将完成的图形以 Tas2. prt 存入考生自己的子目录。

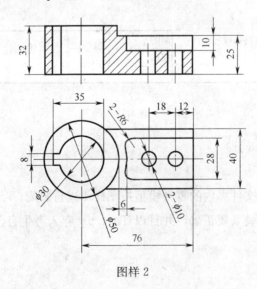

图样 2

试题 3. 生成零件工程图（30 分）

考核要求：

(1) 按照图样 3，使用已创建好的实体模型按第一角画法创建零件工程图。

(2) 零件结构表达清楚，布局合理美观。

(3) 按照图样 3 标注尺寸及公差、形位公差、表面粗糙度、技术要求等。

(4) 图框、标题栏正确完整。

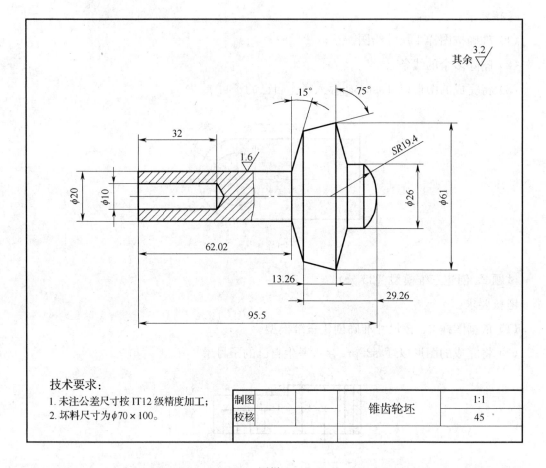

图样 3

试题 4. 产品装配（25 分）

考核要求：

(1) 将"装配模型"文件夹内的零件模型按图样 4 进行装配。

(2) 装配位置、装配关系要正确，并且以 Tas4.prt 存入考生自己的子目录。

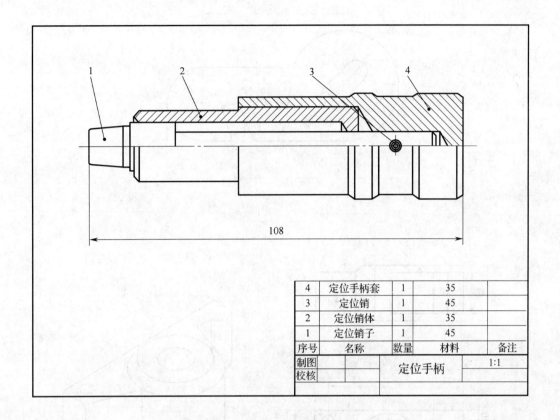

図样 4

4	定位手柄套	1	35	
3	定位销	1	45	
2	定位销体	1	35	
1	定位销子	1	45	
序号	名称	数量	材料	备注
制图			定位手柄	1:1
校核				

四、初级操作技能模拟试卷（2）

试题 1. 草绘图形（10 分）

考核要求：

（1）准确按图样 1 尺寸绘图。

（2）删除多余的线条。

（3）将完成的图形以 Tasl. prt 存入考生自己的子目录。

试题 2. 创建三维模型（35 分）

考核要求：

（1）依据图样 2，按尺寸准确创建三维模型。

（2）将完成的图形以 Tas2. prt 存入考生自己的子目录。

试题 3. 生成零件工程图（30 分）

考核要求：

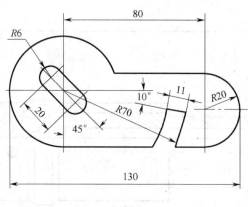

图样 1

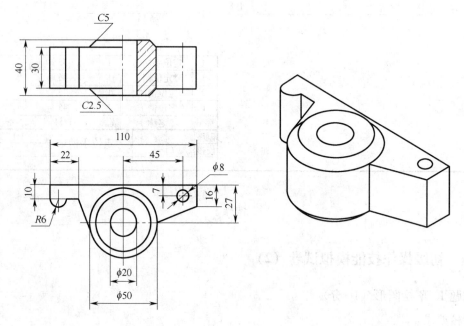

图样 2

（1）按照图样 3，使用已创建好的实体模型按第一角画法创建零件工程图。

（2）零件结构表达清楚，布局合理美观。

（3）按照图样 3 标注尺寸及公差、形位公差、表面粗糙度、技术要求等。

（4）图框、标题栏正确完整。

试题 4. 产品装配（25 分）

考核要求：

（1）将"装配模型"文件夹内的零件模型按图样 4 进行装配。

（2）装配位置、装配关系要正确，并且以 Tas4. prt 存入考生自己的子目录。

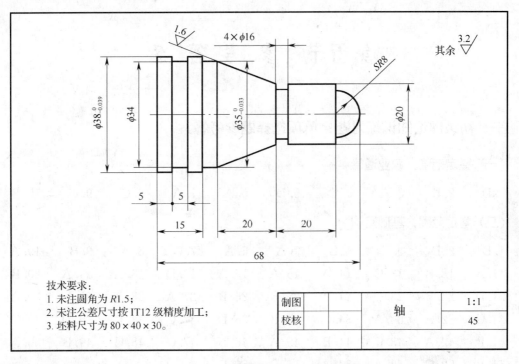

技术要求：
1. 未注圆角为 R1.5；
2. 未注公差尺寸按 IT12 级精度加工；
3. 坯料尺寸为 80×40×30。

制图		轴	1:1
校核			45

图样 3

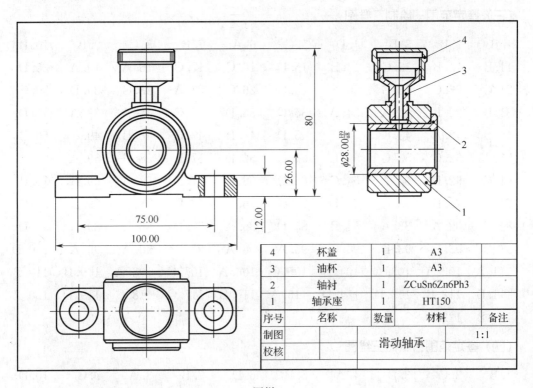

4	杯盖	1	A3	
3	油杯	1	A3	
2	轴衬	1	ZCuSn6Zn6Ph3	
1	轴承座	1	HT150	
序号	名称	数量	材料	备注
制图		滑动轴承		1:1
校核				

图样 4

第五节　参考答案

一、初级理论知识练习题：单项选择题参考答案

（一）鉴定范围：职业道德

1. D　2. B　3. A　4. C　5. D　6. A　7. A　8. C　9. C　10. B

（二）鉴定范围：基础知识

1. D　2. D　3. C　4. B　5. A　6. A　7. C　8. A　9. B　10. A

11. A　12. B　13. C　14. A　15. A　16. A　17. D　18. A　19. A　20. B

21. D　22. B　23. C　24. A　25. B　26. B　27. A　28. A　29. D　30. A

31. C　32. A　33. A　34. C　35. B　36. D　37. C　38. B　39. D　40. C

41. B　42. A　43. C　44. B　45. A　46. B　47. C　48. C　49. B　50. A

51. B　52. C　53. A　54. A　55. D　56. D

（三）鉴定范围：绘制二维图

1. B　2. B　3. B　4. D　5. C　6. A　7. B　8. C　9. B　10. B

11. B　12. B　13. C　14. B　15. D　16. C　17. C　18. A　19. A　20. D

21. C　22. C　23. B　24. B　25. C　26. C　27. A　28. C　29. D　30. C

31. B　32. B　33. A　34. A　35. C　36. D　37. C　38. A　39. A　40. D

41. B　42. A　43. C　44. C　45. D　46. B　47. C　48. B　49. C　50. D

51. A　52. C　53. C　54. B　55. C　56. D　57. B　58. C　59. A　60. A

61. C　62. D　63. C　64. C　65. C　66. B　67. D　68. A　69. B　70. B

71. B　72. D　73. C　74. D　75. C　76. B　77. D　78. A　79. B　80. C

81. C　82. A　83. A　84. B　85. D　86. A　87. D　88. D　89. B　90. D

91. D　92. B　93. D　94. C　95. A　96. A　97. D　98. A　99. A　100. D

101. A　102. A　103. A　104. B　105. C　106. A　107. C　108. A　109. B　110. B

111. D　112. B　113. D　114. C　115. A　116. B　117. C　118. C　119. D　120. A

121. B　122. D

（四）鉴定范围：绘制三维图

1. B　2. C　3. D　4. A　5. B　6. D　7. B　8. A　9. C　10. D

11. C　　12. A　　13. A　　14. C

（五）鉴定范围：图档管理

1. A　　2. D　　3. D　　4. D　　5. A　　6. B　　7. C　　8. B　　9. D　　10. C

二、初级理论知识练习题：判断题参考答案

（一）鉴定范围：职业道德

1. √　　2. √　　3. √　　4. ×　　5. √　　6. √　　7. √　　8. √　　9. √　　10. √

（二）鉴定范围：基础知识

1. √　　2. ×　　3. ×　　4. √　　5. √　　6. √　　7. ×　　8. ×　　9. √　　10. √

11. √　　12. √　　13. √　　14. √　　15. √　　16. ×　　17. √　　18. ×　　19. √　　20. √

21. √　　22. ×　　23. √　　24. √　　25. √　　26. ×　　27. √　　28. √　　29. √　　30. √

31. ×　　32. ×　　33. √　　34. √　　35. √　　36. √　　37. √　　38. √　　39. √　　40. √

41. √　　42. √　　43. √　　44. √　　45. √　　46. √　　47. √　　48. √　　49. √　　50. ×

51. √　　52. √　　53. ×　　54. √　　55. √　　56. √

（三）鉴定范围：绘制二维图

1. ×　　2. √　　3. √　　4. √　　5. √　　6. √　　7. ×　　8. ×　　9. √　　10. ×

11. √　　12. ×　　13. √　　14. √　　15. ×　　16. ×　　17. √　　18. √　　19. √　　20. ×

21. √　　22. ×　　23. √　　24. √　　25. √　　26. √　　27. √　　28. ×　　29. ×　　30. √

31. √　　32. √　　33. √　　34. √　　35. √　　36. √　　37. √　　38. √　　39. √　　40. √

41. √　　42. ×　　43. √　　44. √　　45. √　　46. ×　　47. √　　48. √　　49. ×　　50. ×

51. √　　52. ×　　53. √　　54. √　　55. √　　56. √　　57. √　　58. √　　59. √　　60. √

61. √　　62. √　　63. ×　　64. √　　65. √　　66. √　　67. ×　　68. √　　69. √　　70. √

71. ×　　72. √　　73. √　　74. √　　75. √　　76. √　　77. √　　78. ×　　79. ×　　80. ×

81. ×　　82. √　　83. √　　84. √　　85. √　　86. ×　　87. √　　88. √　　89. √　　90. √

91. √　　92. √　　93. √　　94. √　　95. √　　96. √　　97. √　　98. √　　99. ×　　100. √

101. √　　102. √　　103. ×　　104. ×　　105. √　　106. √　　107. ×　　108. ×　　109. √　　110. √

111. √　　112. √　　113. √　　114. ×　　115. √　　116. ×　　117. ×　　118. √　　119. √　　120. √

121. √　　122. √

（四）鉴定范围：绘制三维图

1. √　　2. √　　3. √　　4. ×　　5. √　　6. √　　7. √　　8. √　　9. √　　10. √

11. ×　　12. √　　13. ×　　14. √

（五）鉴定范围：图档管理

1. ×   2. ×   3. ×   4. √   5. ×   6. ×   7. √   8. ×   9. ×   10. √

三、模拟试卷参考答案

（一）初级理论知识模拟试卷（1）参考答案

1. C	2. B	3. A	4. A	5. A	6. C	7. B	8. C	9. A	10. C
11. A	12. C	13. A	14. B	15. B	16. C	17. B	18. A	19. A	20. A
21. C	22. D	23. D	24. A	25. C	26. B	27. A	28. D	29. A	30. D
31. B	32. B	33. B	34. B	35. B	36. D	37. C	38. A	39. C	40. B
41. C	42. D	43. A	44. B	45. A	46. D	47. A	48. A	49. C	50. D
51. A	52. A	53. D	54. A	55. D	56. A	57. C	58. D	59. D	60. B
61. ×	62. ×	63. √	64. ×	65. ×	66. √	67. √	68. ×	69. ×	70. √
71. √	72. ×	73. √	74. √	75. √	76. √	77. √	78. √	79. √	80. √
81. √	82. √	83. √	84. ×	85. ×	86. ×	87. √	88. √	89. √	90. √
91. √	92. ×	93. √	94. √	95. √	96. ×	97. √	98. √	99. ×	100. √

（二）初级理论知识模拟试卷（2）参考答案

1. B	2. C	3. C	4. D	5. A	6. C	7. A	8. A	9. B	10. B
11. A	12. B	13. B	14. B	15. B	16. D	17. C	18. B	19. C	20. B
21. B	22. C	23. C	24. B	25. A	26. A	27. B	28. D	29. C	30. B
31. A	32. C	33. A	34. A	35. D	36. B	37. B	38. C	39. A	40. A
41. D	42. D	43. D	44. D	45. B	46. A	47. A	48. B	49. D	50. D
51. B	52. D	53. B	54. B	55. D	56. A	57. C	58. D	59. A	60. D
61. √	62. √	63. ×	64. ×	65. ×	66. √	67. ×	68. ×	69. √	70. √
71. √	72. √	73. √	74. ×	75. √	76. √	77. ×	78. √	79. ×	80. √
81. ×	82. √	83. √	84. √	85. ×	86. √	87. √	88. ×	89. √	90. √
91. √	92. √	93. ×	94. √	95. ×	96. ×	97. √	98. ×	99. ×	100. ×

第三章 中级制图员（UG）

第一节 学 习 要 点

一、中级制图员（UG）的工作要求

中级制图员（UG）工作项目主要有绘制二维图、绘制三维图、图档管理等，其工作内容、技能要求和相关知识，见表3—1。

表3—1　　　　　　　　　　　　中级制图员（UG）的工作要求

职业功能	工作内容	技能要求	相关知识
一、绘制二维图	（一）手工绘图	1. 能绘制螺纹连接的装配图 2. 能绘制和阅读支架类零件图 3. 能绘制和阅读箱体类零件图	1. 截交线的绘图知识 2. 绘制相贯线的知识 3. 一次变换投影面的知识 4. 组合体的知识
	（二）计算机绘图	能绘制简单的二维专业图形	1. 图层设置的知识 2. 工程标注的知识 3. 调用图符的知识 4. 属性查询的知识
二、绘制三维图	（一）描图	1. 能够描绘斜二测图 2. 能够描绘正二测图	1. 绘制斜二测图的知识 2. 绘制正二测图的知识
	（二）手工绘制轴测图	1. 能绘制正等轴测图 2. 能绘制正等轴测剖视图	1. 绘制正等轴测图的知识 2. 绘制正等轴测剖视图的知识
三、图档管理	软件管理	能使用软件对成套图纸进行管理	管理软件的使用知识

注：参照《制图员国家职业技能标准》

二、中级制图员（UG）理论知识鉴定要素细目表（见表3—2）

表3—2　　　　　　　　　中级制图员（UG）理论知识鉴定要素细目表

鉴定范围									鉴定点		
一级			二级			三级					
代码	名称	鉴定比重	代码	名称	鉴定比重	代码	名称	鉴定比重	代码	名称	重要程度
A	基本要求	20	A	职业道德	5	A	职业道德	3	001	道德的含义	X
									002	职业道德的概念	X
									003	职业道德与社会道德体系的关系	X
									004	职业道德的调节作用	Y
									005	职业道德对道德形成的作用	Y
									006	制图员的职业道德	X
						B	职业守则	2	001	热爱祖国，热爱社会主义	X
									002	忠于职守，爱岗敬业的含义	X
									003	讲究质量，注重信誉的含义	X
									004	积极进取，团结协作的含义	X
									005	遵纪守法，讲究公德的含义	X
			B	基础知识	15	A	制图的基本知识	8	001	图纸幅面	X
									002	图框格式	X
									003	标题栏	X
									004	字体	X
									005	斜体字	X
									006	基本线型	X
									007	细点画线	X
									008	图线相交	X
									009	尺寸标注组成部分	X
									010	尺寸线终端形式	X
									011	尺寸界线	X
									012	尺寸线	X
									013	尺寸数字	X
									014	圆的直径尺寸的标注	X
									015	角度尺寸的标注	X
									016	画图时铅笔保持的姿势	Y
									017	使用圆规画圆的方法	X
									018	圆规使用铅芯的硬度规格	Y

续表

鉴定范围								鉴定点		
一级			二级			三级				
代码	名称	鉴定比重	代码	名称	鉴定比重	代码	名称	鉴定比重	代码	名称	重要程度
A	基本要求	20	B	基础知识	15	B	投影与投影法	2	001	投影法分类	X
									002	中心投影法的概念	X
									003	平行投影法的概念	X
									004	工程上常用的投影	X
									005	斜投影的概念	X
						C	计算机绘图的基本知识	2	001	微型计算机绘图系统的硬件构成	X
									002	计算机绘图使用的绘图软件	X
									003	计算机绘图系统的硬件	Y
									004	计算机绘图的方法	X
									005	打印机的类型	Y
						D	专业图样的基本知识	2	001	零件图的内容	X
									002	零件的分类	Y
									003	装配图的内容	X
									004	装配图的作用	X
						E	相关法律法规知识	1	001	劳动合同的概念	Y
									002	工资	Y
B	相关知识	80	A	绘制二维图	48	A	手工绘制二维图	30	001	点的正面投影与水平投影的连线	X
									002	点的投影表示方法	X
									003	点的正面投影	X
									004	点的水平投影	X
									005	空间直线与投影面的相对位置关系	X
									006	投影面平行线	X
									007	投影面垂直线	X
									008	一般位置直线	X
									009	投影面平行面	X
									010	投影面垂直面	X
									011	一般位置平面	X
									012	换面法基本概念	X
									013	点的投影变换规律	X

鉴定范围								鉴定点		
一级			二级			三级				
代码	名称	鉴定比重	代码	名称	鉴定比重	代码	名称	鉴定比重	代码	名称	重要程度

代码	名称	鉴定比重	代码	名称	鉴定比重	代码	名称	鉴定比重	代码	名称	重要程度
B	相关知识	80	A	绘制二维图	48	A	手工绘制二维图	30	014	一般位置线变换为投影面平行线的方法	X
									015	平行线变换为投影面垂直线的方法	X
									016	一般位置平面变换为投影面垂直面的方法	X
									017	投影面垂直面变换为投影面平行面的方法	X
									018	斜度的标注	X
									019	锥度的标注	X
									020	圆弧连接的要点	X
									021	精确画椭圆的方法	X
									022	视图	X
									023	平面基本体的特征	X
									024	曲面基本体的特征	X
									025	球体的表面	X
									026	截交线	X
									027	圆柱体截交线	X
									028	圆锥体截交线	X
									029	球体截交线	X
									030	截平面与圆柱轴线平行时截交线的形状	X
									031	截平面与圆柱轴线垂直时截交线的形状	X
									032	截平面与圆柱轴线倾斜时截交线的形状	X
									033	平面通过圆锥锥顶时截交线的形状	X
									034	平面与圆锥相交且垂直于圆锥轴线时截交线的形状	X
									035	平面与圆锥相交且平行于圆锥轴线时截交线的形状	X
									036	相贯线的概念	X
									037	相贯线的特点	Y
									038	两直径不等的圆柱正交时的相贯线	X
									039	两直径不等的圆柱与圆锥正交时的相贯线	X
									040	圆柱与球相交且轴线通过球心时相贯线的形状	X

续表

鉴定范围									鉴定点		
一级			二级			三级					
代码	名称	鉴定比重	代码	名称	鉴定比重	代码	名称	鉴定比重	代码	名称	重要程度
									041	圆锥与球相交且轴线通过球心时，相贯线的形状	X
									042	求相贯线的基本方法	X
									043	利用辅助平面法求相贯线时，其所作辅助平面的方位	X
									044	组合体的组合形式	X
									045	组合体尺寸标注的基本要求	X
									046	三视图中的线框	X
									047	视图中的图线	X
									048	读组合体的基本方法	Y
									049	基本视图的投影关系	X
									050	基本视图的配置	X
									051	局部视图的概念	X
B	相关知识	80	A	绘制二维图	48	A	手工绘制二维图	30	052	斜视图的概念	X
									053	斜视图的标注	X
									054	斜视图的作用	X
									055	剖视图的种类	X
									056	剖视图中剖切面的种类	X
									057	剖视图的标注	X
									058	断面图	X
									059	断面图绘制规定	X
									060	重合断面图的轮廓线	X
									061	已知基本体、切割体轴测图，补画三视图	X
									062	已知基本体、切割体三视图，画轴测图	X
									063	已知组合体轴测图，补画三视图	X
									064	补画组合体截交线	X
									065	补画组合体相贯线	X
									066	已知组合体两个视图，补画第三个视图	X
									067	补画断面图	X

鉴定范围									鉴定点		
一级			二级			三级			代码	名称	重要程度
代码	名称	鉴定比重	代码	名称	鉴定比重	代码	名称	鉴定比重			
B	相关知识	80	A	绘制二维图	48	B	计算机绘制二维图	3	001	计算机绘图软件用户界面的组成部分	Y
									002	使用计算机绘图时发出命令的途径	Y
									003	基本鼠标操作	X
									004	文件操作	X
									005	重作及撤销命令操作	Y
									006	窗口菜单命令操作	Y
									007	草图	X
									008	草图约束	X
									009	工程图	X
							C	机械工程图	15	001	常用的螺纹紧固件	Y
									002	装配图中紧固件及实心件的绘制要求	X
									003	螺栓连接应用场合	Y
									004	螺栓的比例画法	X
									005	六角螺母的比例画法	X
									006	平垫圈的比例画法	X
									007	螺柱连接应用场合	X
									008	螺柱连接装配图的绘制要求	X
									009	螺钉连接装配图的绘制要求	X
									010	叉架类零件的结构	X
									011	叉架类零件的视图表达	X
									012	叉架类零件的尺寸基准	X
									013	箱壳类零件的结构	X
									014	箱壳类零件的视图表达	X
									015	箱壳类零件的主要尺寸基准	X
									016	零件图中对铸造圆角的绘制要求	X
									017	零件图中一般退刀槽的尺寸标注	X
									018	零件上用钻头钻出的不通孔或阶梯孔的绘制要求	X
									019	管螺纹的标注形式	X
									020	梯形螺纹的标注方法	X

鉴定范围									鉴定点		
一级			二级			三级					
代码	名称	鉴定比重	代码	名称	鉴定比重	代码	名称	鉴定比重	代码	名称	重要程度
B	相关知识	80	A	绘制二维图	48	C	机械工程图	15	021	表面粗糙度 R_a	X
									022	表面粗糙度的标注	X
									023	表面粗糙度代号中数字的方向	X
									024	表面粗糙度的统一标注方法	X
									025	极限尺寸	X
									026	极限偏差	X
									027	配合的概念	X
									028	配合的种类	X
									029	配合基准制的种类	X
									030	公差带的组成要素	X
									031	零件图上尺寸公差的标注形式	X
			B	绘制三维图	27	A	描图	4	001	斜轴测投影中投影线与轴测投影面的位置关系	X
									002	斜二等轴测图的轴间角	X
									003	斜二等轴测图的轴向伸缩系数	X
									004	斜二等轴测图中与坐标面平行的圆的轴测投影	X
									005	斜二等轴测图中与坐标面不平行的圆的轴测投影	X
									006	正二等轴测图	X
									007	正二等轴测图的轴间角	X
									008	正二等轴测图的轴向伸缩系数	X
									009	正二等轴测图的简化轴向变形系数	Y
									010	正二等轴测投影中与坐标面平行的圆的轴测投影	X
							B	手工绘制轴测图	20	001	轴测投影	X
									002	轴测轴	X
									003	正等轴测图的轴间角	X
									004	轴向变形系数	X
									005	正等轴测图的简化变形系数	Y
									006	国家标准规定常用的轴测图	Y

鉴定范围									鉴定点		
一级			二级			三级					
代码	名称	鉴定比重	代码	名称	鉴定比重	代码	名称	鉴定比重	代码	名称	重要程度
B	相关知识	80	B	绘制三维图	27	B	手工绘制轴测图	20	007	正等轴测图中椭圆的长短轴	X
									008	四心圆法画椭圆	X
									009	正等轴测图的特点	X
									010	轴测图上的尺寸数字	X
									011	轴测剖视图	X
									012	轴测剖视图的断面	X
									013	绘制正等轴测图的步骤	X
									014	绘制正等轴测图的方法	X
									015	基面法绘制正等轴测图	X
									016	基面法绘制棱柱体正等轴测图的步骤	X
									017	叠加法绘制正等轴测图	X
									018	叠加法绘制组合体正等轴测图的步骤	X
									019	切割体	X
									020	绘制切割体正等轴测图的步骤	X
									021	轴测剖视图的作用	X
									022	轴测剖视图的绘制原理	X
									023	轴测剖视图的绘制方法	X
									024	正等轴测剖视图的绘制步骤	X
									025	先画断面再画投影绘制正等轴测剖视图方法	X
									026	正六棱柱正等轴测图的绘制步骤	X
									027	圆柱正等轴测图的绘制步骤	X
									028	圆锥台正等轴测图的绘制步骤	X
									029	带圆角底板正等轴测图的绘制步骤	X
									030	组合体正等轴测图的一般画法	X
									031	轴测剖视图的剖面	X
									032	轴测剖视图的剖面符号	X
									033	开槽圆柱体正等轴测图的一般画法	X
									034	开槽圆柱体正等轴测图的绘制步骤	X
									035	支架正等轴测图的一般画法	X
									036	支架正等轴测图的绘制步骤	X
									037	正确绘制轴测图的关键	Y
									038	绘制轴测图的要领	Y
									039	绘制轴测图最常用的方法	X
									040	正等轴测图上椭圆的绘制方法	X

续表

鉴定范围									鉴定点		
一级			二级			三级					
代码	名称	鉴定比重	代码	名称	鉴定比重	代码	名称	鉴定比重	代码	名称	重要程度
B	相关知识	80	B	绘制三维图	27	C	计算机绘制三维图	3	001	曲线操作	X
									002	实体建模	X
									003	特征建模	X
									004	特征操作	X
									005	曲面操作	X
									006	装配特征	X
			C	图档管理	5	A	软件管理	5	001	图纸管理系统	Y
									002	产品树的作用	X
									003	产品树的根结点	X
									004	产品树的组成	X
									005	产品树的组件	X
									006	产品路径集的建立	Y
									007	对成套图纸进行管理的条件	Y
									008	图纸管理系统的统计操作	Y
									009	图纸管理系统的查询操作	Y
									010	图纸管理系统的显示操作	Y

三、中级制图员（UG）操作技能鉴定要素细目表（见表3—3）

表3—3　　　　　中级制图员（UG）操作技能鉴定要素细目表

鉴定范围							鉴定点		重要程度
代码	一级	鉴定比重	代码	二级	鉴定比重	选择方式	代码	鉴定点	
A	专业技能	100	A	草绘图形	10	必考	001	草图功能的使用	Y
							002	创建草图平面与草图对象	X
							003	草图约束	X
							004	约束管理	X
							005	草图管理	Y
			B	三维建模	35	必考	001	构建基准特征	X
							002	基本体素特征	X

鉴定范围							代码	鉴定点	重要程度
代码	一级	鉴定比重	代码	二级	鉴定比重	选择方式			
A	专业技能	100	B	三维建模	35	必考	003	加工特征	X
							004	扫描特征	X
							005	特征详细设计	X
							006	编辑特征参数	Y
			C	工程图	30	必考	001	工程图参数的设置	Y
							002	图纸操作功能	X
							003	视图操作功能	X
							004	剖视图的应用	X
							005	工程图标注功能	X
			D	装配操作	25	必考	001	装配导航器	X
							002	装配组件操作	X
							003	装配爆炸图	X
							004	装配的其他功能	Y

第二节　中级理论知识练习题

一、单项选择题（请从备选项中选取一个正确答案填写在括号中，错选、漏选、多选均不得分，也不反扣分）

（一）鉴定范围：绘制二维图

1. 点的正面投影与水平投影的连线（　　）X 轴。

　　A. 垂直于　　　　　B. 平行于　　　　　C. 倾斜于　　　　　D. 重合于

2. A、B、C……点的（　　）投影用 a'、b'、c'……表示。

　　A. 侧面　　　　　B. 水平　　　　　C. 正面　　　　　D. 右面

3. 点的正面投影反映（　　）坐标。

　　A. x、z　　　　　B. y、z　　　　　C. x、y　　　　　D. y、x

4. 点的（　　）投影反映 x、y 坐标。

　　A. 水平　　　　　B. 侧面　　　　　C. 正面　　　　　D. 右面

5. 空间直线与投影面的相对位置关系有一般位置直线、投影面垂直线和投影面（　　）。

    A. 倾斜线   B. 平行线   C. 正垂线   D. 水平线

6. （　　）一个投影面同时倾斜于另外两个投影面的直线称为投影面平行线。

    A. 平行于   B. 垂直于   C. 倾斜于   D. 相交于

7. （　　）一个投影面的直线称为投影面垂直线。

    A. 平行于   B. 垂直于   C. 倾斜于   D. 相交于

8. 一般位置直线（　　）于三个投影面。

    A. 垂直   B. 倾斜   C. 平行   D. 包含

9. （　　）一个投影面的平面称为投影面平行面。

    A. 平行于   B. 垂直于   C. 倾斜于   D. 相交于

10. 投影面垂直面垂直于（　　）投影面。

    A. 四个   B. 三个   C. 两个   D. 一个

11. 同时（　　）三个投影面的平面称为一般位置平面。

    A. 平行于   B. 垂直于   C. 倾斜于   D. 相交于

12. 投影变换中，（　　）必须垂直于原投影面体系中的一个投影面。

    A. 新投影面   B. 侧投影面   C. 旧投影面   D. 正投影面

13. 点的投影变换中，新投影到（　　）的距离等于旧投影到旧坐标轴的距离。

    A. 新坐标轴   B. 旧投影轴   C. 新坐标   D. 旧坐标

14. 直线的投影变换中，一般位置线变换为投影面平行线时，新投影轴的设立原则是新投影轴（　　）于直线的投影。

    A. 垂直   B. 平行   C. 相交   D. 倾斜

15. 直线的投影变换中，平行线变换为投影面（　　）时，新投影轴的设立原则是新投影轴垂直于反映直线实长的投影。

    A. 倾斜线   B. 垂直线   C. 一般位置线   D. 平行线

16. 一般位置平面变换为（　　）时，设立的新投影轴必须垂直于平面中的一直线。

    A. 倾斜面   B. 平行面

    C. 正平面   D. 投影面垂直面

17. 投影面（　　）变换为投影面平行面时，设立的新投影轴必须平行于平面积聚为直线的那个投影。

    A. 平行面   B. 一般位置面   C. 垂直面   D. 倾斜面

18. 斜度的标注包括指引线、斜度符号、（　　）。

    A. 斜度   B. 斜度值   C. 数字   D. 字母

19. 锥度的标注包括（　　）。

    A. 指引线、锥度符号　　　　　　　　B. 锥度符号、锥度值

    C. 指引线、锥度值　　　　　　　　　D. 指引线、锥度符号、锥度值

20. 圆弧连接的要点是（　　）。

    A. 求切点、画圆弧　　　　　　　　　B. 求圆心、求切点

    C. 求圆心、求切点、画圆弧　　　　　D. 求圆心、画圆弧

21. 已知椭圆（　　）的大小，精确画椭圆的方法是同心圆法。

    A. 长轴　　　　　　B. 长短轴　　　　　　C. 短轴　　　　　　D. 直径

22. 物体由前向后投影，在正投影面得到的视图，称为（　　）。

    A. 俯视图　　　　　B. 主视图　　　　　　C. 左视图　　　　　D. 向视图

23. 平面基本体的特征是每个表面都是（　　）。

    A. 三角形　　　　　B. 平面　　　　　　　C. 四边形　　　　　D. 正多边形

24. 曲面基本体的特征是至少有（　　）个表面是曲面。

    A. 3　　　　　　　　B. 2　　　　　　　　C. 1　　　　　　　　D. 4

25. 球体的表面可以看做是由一条（　　）绕其直径回转而成。

    A. 直线　　　　　　B. 半圆母线　　　　　C. 母线　　　　　　D. 素线

26. 截平面与立体表面的交线称为（　　）。

    A. 轮廓线　　　　　B. 截交线　　　　　　C. 相贯线　　　　　D. 过度线

27. 圆柱体截交线的种类有（　　）种。

    A. 1　　　　　　　　B. 2　　　　　　　　C. 3　　　　　　　　D. 4

28. 圆锥体截交线的种类有（　　）种。

    A. 1　　　　　　　　B. 3　　　　　　　　C. 5　　　　　　　　D. 7

29. 球体截交线的形状总是（　　）。

    A. 椭圆　　　　　　B. 矩形　　　　　　　C. 圆　　　　　　　D. 三角形

30. 截平面与（　　）轴线平行时截交线的形状是矩形。

    A. 圆锥　　　　　　B. 圆柱　　　　　　　C. 圆球　　　　　　D. 圆锥台

31. 截平面与圆柱轴线垂直时截交线的形状是（　　）。

    A. 圆　　　　　　　B. 矩形　　　　　　　C. 椭圆　　　　　　D. 三角形

32. 截平面与圆柱轴线倾斜时（　　）的形状是椭圆。

    A. 过度线　　　　　B. 截交线　　　　　　C. 相贯线　　　　　D. 轮廓线

33. 平面与圆锥相交，且平面通过锥顶时，截交线的形状为（　　）。

    A. 双曲线　　　　　B. 三角形　　　　　　C. 抛物线　　　　　D. 椭圆

34. 平面与圆锥相交，且截平面垂直于圆锥轴线时，截交线的形状为（　　）。

    A. 双曲线　　　　　B. 三角形　　　　　C. 圆　　　　　D. 椭圆

35. 平面与（　　）相交，且截平面平行于立体轴线时，截交线形状为双曲线。

    A. 圆柱　　　　　B. 圆锥　　　　　C. 圆球　　　　　D. 椭圆

36. 两圆柱相交，其表面交线称为（　　）。

    A. 截交线　　　　　B. 相贯线　　　　　C. 空间曲线　　　　　D. 平面曲线

37. 相贯线是两立体表面的共有线，是（　　）立体表面的共有点的集合。

    A. 一个　　　　　B. 两个　　　　　C. 三个　　　　　D. 四个

38. 两直径不等的圆柱正交时，相贯线一般是一条（　　）曲线。

    A. 非闭合的空间　B. 封闭的空间　C. 封闭的平面　D. 非封闭的平面

39. 两直径不等的圆柱与圆锥正交时，相贯线一般是一条（　　）曲线。

    A. 非闭合的空间　　　　　　　　B. 封闭的空间

    C. 封闭的平面　　　　　　　　D. 非封闭的平面

40. 球面与圆柱相交，当相贯线的形状为圆时，说明圆柱轴线（　　）。

    A. 通过球心　　　　　B. 偏离球心　　　　　C. 不过球心　　　　　D. 铅垂放置

41. 在球面上加工一个圆锥通孔，当孔的轴线（　　）时，其相贯线的形状为圆。

    A. 不过球心　　　　　B. 水平放置　　　　　C. 偏离球心　　　　　D. 通过球心

42. 求相贯线的基本方法是（　　）法。

    A. 辅助直线　　　　　B. 表面取线　　　　　C. 表面取点　　　　　D. 辅助平面

43. 利用辅助平面法求两曲面立体相贯线时，其所作辅助平面应（　　）某一基本投影面。

    A. 垂直于　　　　　B. 平行于　　　　　C. 倾斜于　　　　　D. 相交于

44. 叠加和切割是（　　）的两种组合形式。

    A. 相贯体　　　　　B. 相交体　　　　　C. 组合体　　　　　D. 基本体

45. 三视图中的线框，可以表示物体上（　　）的投影。

    A. 平面　　　　　B. 直线　　　　　C. 切线　　　　　D. 交线

46. 视图中的一条图线，可以是（　　）的投影。

    A. 长方体　　　　　　　　B. 圆柱体

    C. 圆柱体转向轮廓线　　　　　　　　D. 圆锥体

47. 读组合体的基本方法是（　　）。

    A. 形体分析法和线面分析法　　　　B. 空间想象法

    C. 形体组合法　　　　　　　　D. 形体分解法

48. 六个基本视图的投影关系是（　　）视图长对正。

    A. 主、俯、后、右　　　　　　　　　B. 主、俯、后、仰

    C. 主、俯、右、仰　　　　　　　　　D. 主、俯、后、左

49. 六个基本视图的配置中（　　）在主视图的上方且长对正。

    A. 仰视图　　　　　　　　　　　　　B. 右视图

    C. 左视图　　　　　　　　　　　　　D. 后视图

50. 机件向不平行于基本投影面投影所得的视图叫（　　）。

    A. 斜视图　　　　　　　　　　　　　B. 基本视图

    C. 辅助视图　　　　　　　　　　　　D. 局部视图

51. 画斜视图时，必须在视图的上方标出视图的名称"X"（"X"为大写的拉丁字母），在相应视图附近用（　　）指明投影方向，并注上相同的字母。

    A. 箭头　　　　　B. 符号　　　　　C. 汉字　　　　　D. 数字

52. 斜视图适用于机件上与基本投影面（　　）的结构。

    A. 平行　　　　　B. 倾斜　　　　　C. 垂直　　　　　D. 相交

53. 制图标准规定，剖视图分为（　　）。

    A. 全剖视图、旋转剖视图、局部剖视图

    B. 半剖视图、局部剖视图、阶梯剖视图

    C. 全剖视图、半剖视图、局部剖视图

    D. 半剖视图、局部剖视图、复合剖视图

54. 根据机件表达的需要，剖视图中将剖切面的种类规定为单一剖切面、（　　）、两相交剖切面、组合剖切面和斜剖剖切面五种。

    A. 几个平行的剖切面　　　　　　　　B. 半剖切面

    C. 局部剖切面　　　　　　　　　　　D. 旋转剖切面

55. 一般应在剖视图的上方用大写字母标出剖视图的名称"X—X"，在相应视图上用剖切符号表示剖切位置，用（　　）表示投影方向，并注上相同的字母。

    A. 粗短线　　　　　　　　　　　　　B. 细短线

    C. 粗实线　　　　　　　　　　　　　D. 箭头

56. 断面图中，当剖切平面通过非圆孔，会导致出现完全分离的两个剖面时，这些结构应按（　　）绘制。

    A. 断面图　　　　　B. 剖视图　　　　　C. 外形图　　　　　D. 视图

57. （　　）断面图的轮廓线用细实线绘制。

    A. 重合　　　　　B. 移出　　　　　C. 中断　　　　　D. 剖切

58. 根据物体的立体图，正确的三视图是（   ）。

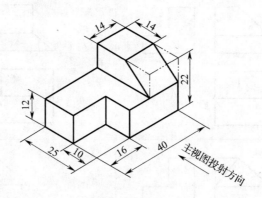

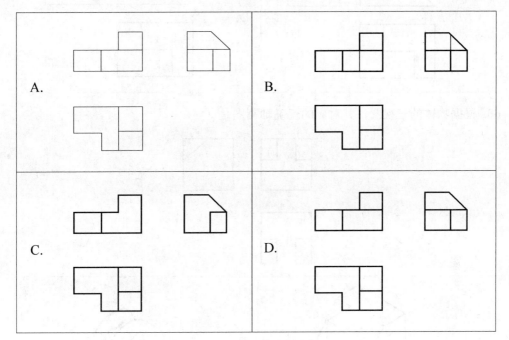

59. 参照物体的轴测图和已知视图，正确补画的视图是（   ）。

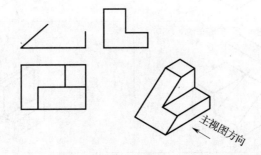

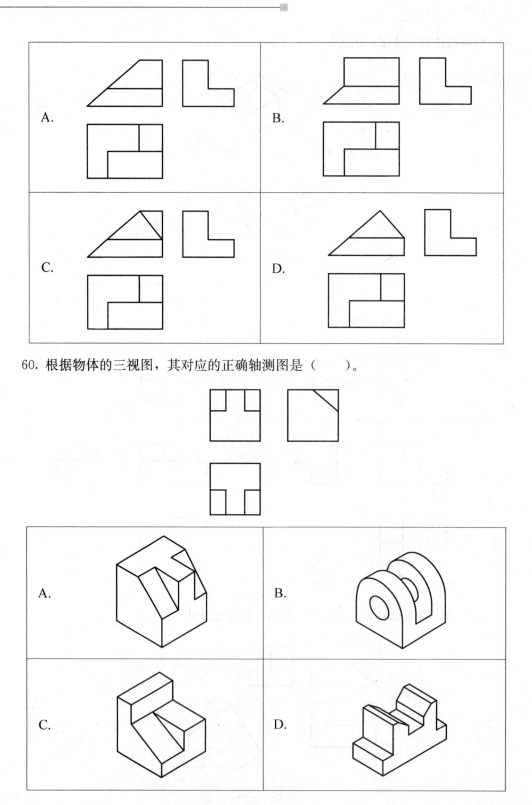

60. 根据物体的三视图，其对应的正确轴测图是（   ）。

61. 参照物体轴测图和已知视图，正确补画的视图是（　　）。

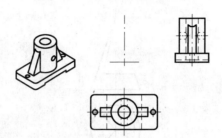

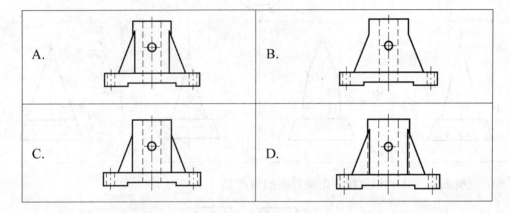

62. 分析曲面立体的截交线，正确补画的视图是（　　）。

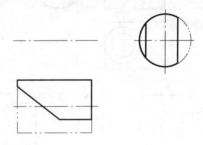

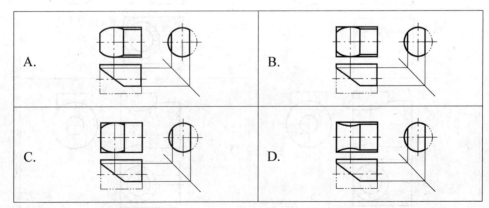

63. 已知主视图和俯视图，分析曲面立体的截交线，正确补画的左视图是（　　　）。

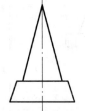 A.　　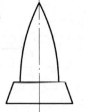 B.　　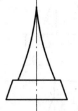 C.　　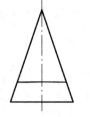 D.

64. 分析曲面立体的相贯线，正确补画的视图是（　　　）。

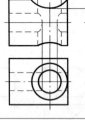 A.　　　　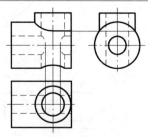 B.

C.　　　　D.
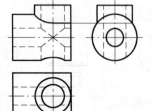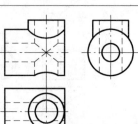

65. 已知物体的主、俯视图，正确的左视图是（　　）。

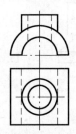

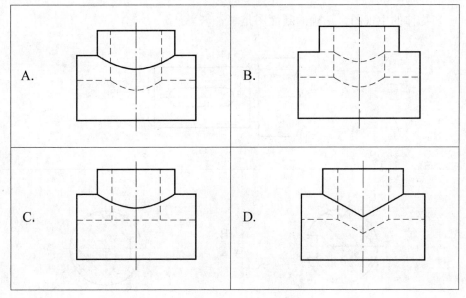

66. 已知组合体的两个视图，正确补画的第三个视图是（　　）。

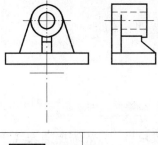

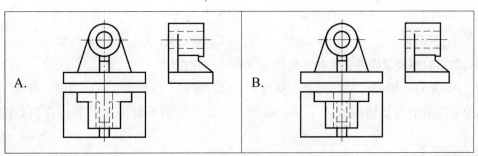

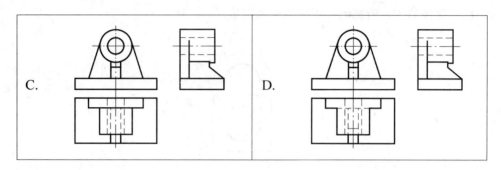

67. 已知物体的主视图，正确的断面图是（　　）。

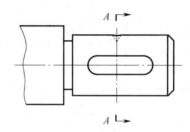

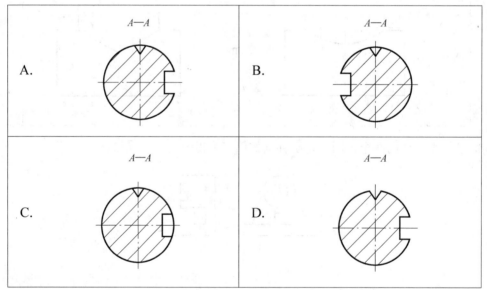

68. UG NX 进入工程图功能模块后，首先需要插入（　　）后才能创建视图。

　　A. 视图页　　　　B. 布局页　　　　C. 草图页　　　　D. 图纸页

69. 常用的螺纹紧固件有螺栓、螺柱、（　　）和垫圈等。

　　A. 螺钉、螺片　　B. 螺锥、螺母　　C. 螺钉、螺母　　D. 内螺、外螺

70. 装配图中当剖切平面（　　）螺栓、螺母、垫圈等紧固件及实心件时，按不剖绘制。

　　A. 纵剖　　　　　B. 横剖　　　　　C. 局剖　　　　　D. 半剖

71. 螺栓连接用于连接两零件（　　）和需要经常拆卸的场合。

    A. 厚度不大　　　　B. 厚度很大　　　　C. 长度不长　　　　D. 长度很长

72. 采用比例画法时，螺栓直径为 d，螺栓头厚度为 $0.7d$，螺纹长度为（　　），六角头画法同螺母。

    A. $1d$　　　　　　B. $2d$　　　　　　C. $3d$　　　　　　D. $4d$

73. 采用比例画法时，六角螺母内螺纹大径为 D，（　　），倒角圆与六边形内切，螺母厚度为 $0.8D$，倒角形成的圆弧投影半径分别为 $1.5D$、D、r。

    A. 六边形短边为 $2D$　　　　　　　　B. 六边形长边为 $2D$

    C. 六边形长边为 $2.2D$　　　　　　　D. 六边形短边为 $2.2D$

74. 采用比例画法时，螺栓直径为 d，平垫圈外径为 $2.2d$，内径为 $1.1d$，厚度为（　　）。

    A. $0.05d$　　　　B. $0.15d$　　　　C. $0.25d$　　　　D. $0.75d$

75. 螺柱连接多用于被连接件之一（　　）而不宜使用螺栓连接，或因经常拆卸不宜使用螺钉连接的场合。

    A. 较薄　　　　　　B. 较厚　　　　　　C. 较重　　　　　　D. 较轻

76. 画螺柱连接装配图时，应注意螺柱旋入端的长度 b_m 与机体材料有关，b_m 长度取（　　）四种。

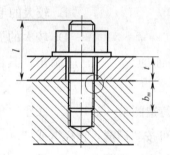

    A. d、$1.25d$、$1.5d$、$2d$　　　　　　B. d、$1.5d$、$2d$、$2.5d$

    C. $0.1d$、$0.5d$、d、$1.5d$　　　　　　D. d、$2d$、$3d$、$4d$

77. 画螺钉连接装配图时，螺钉的（　　）应画在螺纹孔口之上。

    A. 大径粗实线　　B. 小径细实线　　C. 尾部倒角线　　D. 螺纹终止线

78. 叉架类零件通常由（　　）组成，形状比较复杂且不规则，零件上常有叉形结构、肋板和孔、槽等。

    A. 下层部分、上层部分及连接部分　　B. 工作部分、支承部分及连接部分

    C. 主要部分、次要部分及连接部分　　D. 拨叉部分、支架部分及连接部分

79. 叉架类零件一般需要（　　）表达，常以工作位置为主视图，反映主要形状特征。

连接部分和细部结构采用局部视图或斜视图，并用剖视图、断面图、局部放大图表达局部结构。

  A. 一个以上基本视图　　　　　　　　B. 两个以上基本视图

  C. 三个以上基本视图　　　　　　　　D. 四个以上基本视图

80. 叉架类零件尺寸基准常选择安装基面、对称平面、孔的（　　）。

  A. 内外直径面　　B. 各个轴肩面　　C. 中心线和轴线　　D. 安装面和键槽

81. 箱壳类零件主要起包容、支承其他零件的作用，常有内腔、轴承孔、凸台、肋、（　　）、螺纹孔等结构。

  A. 中心孔、键槽　　B. 皮带轮、轮辐　　C. 安装板、光孔　　D. 斜支架、拨叉

82. 箱壳类零件一般需要（　　）来表达，主视图按加工位置放置，投影方向按形状特征来选择。一般采用通过主要支承孔轴线的剖视图表达其内部结构形状，局部结构常用局部视图、局部剖视图、断面表达。

  A. 一个以上基本视图　　　　　　　　B. 两个以上基本视图

  C. 三个以上基本视图　　　　　　　　D. 四个以上基本视图

83. 箱壳类零件长、宽、高三个方向的主要尺寸基准通常选用轴孔中心线、对称平面、结合面和（　　）。

  A. 较小的毛坯表面　　　　　　　　　B. 较大的毛坯表面

  C. 较小的加工平面　　　　　　　　　D. 较大的加工平面

84. 零件图上，对非加工表面的（　　）应画出，其圆角尺寸可集中在技术要求中注出。

  A. 起模斜度　　B. 铸造圆角　　C. 底座边角　　D. 钻头圆角

85. 零件图中一般的退刀槽可按"槽宽×直径"或"（　　）"的形式标注尺寸。

  A. 槽宽＋槽深　　B. 槽宽－槽深　　C. 槽宽×槽深　　D. 槽深×槽宽

86. 对于零件上用钻头钻出的不通孔或阶梯孔，画图时锥角一律画成120°。钻孔深度是指（　　）。

  A. 圆锥部分的深度，不包括圆坑　　B. 圆锥部分的深度，包括圆坑

  C. 圆柱部分的深度，不包括锥坑　　D. 圆柱部分的深度，包括锥坑

87. 管螺纹的标注形式为"螺纹特征代号""（　　）""公差等级"。

  A. 尺寸代号　　B. 牙型代号　　C. 公称直径　　D. 公称尺寸

88. 单线梯形螺纹的代号为："（　　）"；多线梯形螺纹的代号为："Tr 公称直径×导程（P 螺距）"。

  A. Tr 公称直径　　　　　　　　　　　B. Tr 公称直径×导程

C. Tr×导程 D. Tr×旋向

89. 表面粗糙度主要评定参数中应用最广泛的轮廓算术平均偏差，用（ ）代表。

A. Rz B. Ry C. Ra D. Ro

90. 表面粗糙度的代号应标注在（ ）或它们的延长线上，其中符号的尖端必须从材料外指向材料表面。

A. 可见轮廓面、尺寸面、尺寸界面 B. 可见轮廓线、尺寸线、尺寸界线

C. 粗实线、细实线、细点画线 D. 外圆面、内孔面、加工表面

91. 表面粗糙度代号中数字的方向必须与图中尺寸数字的方向（ ）。

A. 略左 B. 略右 C. 一致 D. 相反

92. 标注表面粗糙度时，当零件所有表面具有相同的特征时，其代号可在图样的右上角统一标注，且（ ）应为图样上其他代号的 1.4 倍。

A. 符号的大小 B. 数字的大小 C. 字母的大小 D. 代号的大小

93. 尺寸公差中的极限尺寸是指允许尺寸变动的（ ）极限值。

A. 多个 B. 一个 C. 两个 D. 所有

94. 尺寸公差中的极限偏差是指（ ）所得的代数差。

A. 基本尺寸减公差尺寸 B. 极限尺寸减偏差尺寸

C. 基本尺寸减极限尺寸 D. 极限尺寸减基本尺寸

95. 基本尺寸相同，（ ）的孔和轴公差带之间的关系，称为配合。

A. 相互结合 B. 同一部件 C. 形状类似 D. 材料相同

96. 配合的种类有间隙配合、（ ）、过渡配合三种。

A. 无隙配合 B. 过紧配合 C. 过松配合 D. 过盈配合

97. 为了生产上的方便，国家标准规定两种配合基准制，即（ ）。

A. 基孔制和基轴制 B. 基准孔和基准轴

C. 基本孔和基本轴 D. 孔轴制和轴孔制

98. 国家标准规定了公差带由标准公差和基本偏差两个要素组成。标准公差确定（ ），基本偏差确定公差带位置。

A. 公差数值 B. 公差等级 C. 公差带长短 D. 公差带大小

99. 零件图上尺寸公差的标注形式有三种：基本尺寸数字后边注写公差带代号；基本尺寸数字（ ）；基本尺寸数字后边同时注写公差带代号和相应的上、下偏差，后者加括号。

A. 前边注写极限尺寸偏差 B. 后边注写极限尺寸偏差

C. 前边注写上、下偏差 D. 后边注写上、下偏差

（二）鉴定范围：绘制三维图

1. 有 2 个轴的轴向变形系数相等的斜轴测投影称为（　　）。

    A. 斜二测　　　　　B. 正二测　　　　　C. 正等测　　　　　D. 正三测

2. 在斜二等轴测图中，有 2 个轴间角均取（　　）。

    A. 135°　　　　　　B. 120°　　　　　　C. 90°　　　　　　D. 97°

3. 在（　　）轴测图中，有 2 个轴的轴向伸缩系数相同，取 1。

    A. 正二等　　　　　B. 正三等　　　　　C. 正等　　　　　　D. 斜二等

4. 在斜二等轴测图中，坐标面与轴测投影面（　　），凡与坐标面平行的平面上的圆，轴测投影仍为圆。

    A. 平行　　　　　　B. 相交　　　　　　C. 垂直　　　　　　D. 倾斜

5. 在斜二等轴测图中，与坐标面不平行的平面上的（　　），其轴测投影为椭圆。

    A. 椭圆　　　　　　B. 直线　　　　　　C. 圆　　　　　　　D. 曲线

6. 在正等轴测图中，当 2 个轴的轴向变形系数相等时，所得到的（　　）称为正二等轴测图。

    A. 三视图　　　　　B. 投影图　　　　　C. 剖视图　　　　　D. 正等轴测图

7. 在正二等轴测图中，有 2 个轴间角均取（　　）。

    A. 100°　　　　　　B. 120°　　　　　　C. 97°10′　　　　　D. 131°25′

8. 在（　　）轴测图中，有 2 个轴的轴向伸缩系数相同，取 0.94。

    A. 正二等　　　　　B. 正三等　　　　　C. 正等　　　　　　D. 斜二等

9. 为作图方便，一般取 $p = r = 1$，$q = 0.5$ 作为正二测的（　　）。

    A. 系数　　　　　　　　　　　　　　B. 变形系数

    C. 简化轴向变形系数　　　　　　　　D. 轴向变形系数

10. 在正二等轴测投影中，由于 3 个坐标面都与轴测投影面倾斜，凡是与坐标面平行的平面上的圆，其轴测投影均变为（　　）。

    A. 圆　　　　　　　B. 直线　　　　　　C. 椭圆　　　　　　D. 曲线

11. 在轴测投影中，物体上两平行线段的长度与轴测投影的长度比值是（　　）。

    A. 2∶1　　　　　　B. 相等　　　　　　C. 1∶2　　　　　　D. 任意的

12. 互相（　　）的 3 根直角坐标轴在轴测投影面的投影称为轴测轴。

    A. 垂直　　　　　　B. 平行　　　　　　C. 倾斜　　　　　　D. 任意位置

13. 正等轴测图的轴间角角度为（　　）。

    A. 45°　　　　　　　B. 60°　　　　　　C. 90°　　　　　　D. 120°

14. 同一方向的空间直线段，其轴测投影长与其（　　）之比称为轴向变形系数。

　　　A. 投影长　　　　　　B. 实长　　　　　　　C. 定长　　　　　　D. 轴测投影长

15. 正等轴测图中，轴向变形系数为（　　　）。

　　　A. 0.82　　　　　　　B. 1　　　　　　　　C. 1.22　　　　　　D. 1.5

16. 国家标准规定了常用的轴测图是正等测、正二测、（　　　）。

　　　A. 正三测　　　　　　B. 斜二测　　　　　　C. 斜三测　　　　　D. 正轴测

17. 在正等轴测图中，当圆平行于 XOY 坐标面时，其椭圆的短轴与（　　　）重合。

　　　A. Z 轴　　　　　　　B. Y 轴　　　　　　C. X 轴　　　　　　D. 坐标轴

18. 四心圆法画椭圆，小圆的圆心在（　　　）。

　　　A. 短轴上　　　　　　B. 长轴上　　　　　　C. 共轭直径上　　　　D. 圆心上

19. 正等轴测图具有轴向简化、变形系数为（　　　）的特点。

　　　A. 1　　　　　　　　B. 0.82　　　　　　　C. 1.22　　　　　　D. 0.58

20. 轴测图上尺寸数字是与轴测轴（　　　）书写的。

　　　A. 垂直　　　　　　　B. 水平　　　　　　　C. 平行　　　　　　D. 90°夹角

21. 在轴测图上作剖切，一般剖去物体的（　　　）。

　　　A. 右后方　　　　　　B. 右前方　　　　　　C. 左后方　　　　　D. 左前方

22. 轴测剖视图（　　　）的断面就是左视图上的断面形状。

　　　A. 上右方　　　　　　B. 下右方　　　　　　C. 上左方　　　　　D. 下左方

23. 绘制正等轴测图，首先在（　　　）中画出物体上的直角坐标系。

　　　A. 投影图　　　　　　B. 三视图　　　　　　C. 主视图　　　　　D. 透视图

24. 绘制正等轴测图，一般有基面法、叠加法和（　　　）3 种。

　　　A. 形体分析法　　　B. 线面分析法　　　C. 切割法　　　　　D. 透视图

25. 绘制棱柱体的（　　　）时，可采用基面法。

　　　A. 三视图　　　　　　B. 俯视图　　　　　　C. 正等轴测图　　　D. 透视图

26. 基面法绘制圆柱体正等轴测图时，可先绘制其（　　　），然后画椭圆的外公切线。

　　　A. 顶面　　　　　　　　　　　　　　　B. 底面

　　　C. 两端面的椭圆　　　　　　　　　　D. 椭圆

27. 叠加法适用于绘制（　　　）的正等轴测图。

　　　A. 基本体　　　　　　B. 切割体　　　　　　C. 组合体　　　　　D. 圆柱体

28. 用叠加法绘制组合体的正等轴测图，先用形体分析法将组合体分解成若干个（　　　）。

　　　A. 切割体　　　　　　B. 基本体　　　　　　C. 圆柱体　　　　　D. 棱柱体

29. 画切割体的正等轴测图，可先画其基本体的（　　　）。

　　　A. 主视图　　　　　　B. 三视图　　　　　　C. 正等轴测图　　　D. 透视图

30. 为表达物体内部形状，在轴测图上也可采用（　　　）画法。

    A. 剖视图　　　　　B. 三视图　　　　　C. 画虚线　　　　　D. 省略

31. 画轴测剖视图，不论物体是否对称，均假想用两个相互（　　　）的剖切平面将物体剖开，然后画出其轴测剖视图。

    A. 垂直　　　　　B. 平行　　　　　C. 倾斜　　　　　D. 相交

32. 绘制轴测剖视图的方法有（　　　）和先画断面形状、再作投影两种。

    A. 先画剖视、再画外形　　　　　　　B. 先作全剖、再画外形

    C. 先画外形、再作剖视　　　　　　　D. 先画内部、再作剖视

33. 画正等轴测剖视图，可先画物体（　　　）的正等轴测图。

    A. 平面图　　　　　B. 三视图　　　　　C. 完整　　　　　D. 局部

34. 画正等轴测剖视图，可先在（　　　）上分别画出两个的断面，再画断面后的可见部分。

    A. 投影面　　　　　B. 轴测轴　　　　　C. 直角坐标系　　　　　D. 半剖视图

35. 画正六棱柱的正等轴测图，一般先画出（　　　）。

    A. 侧面　　　　　B. 顶面　　　　　C. 底面　　　　　D. 高度

36. 画圆柱的正等轴测图，要先作出（　　　）轴测轴。

    A. 顶面　　　　　B. 底面　　　　　C. 高度　　　　　D. 两端面圆

37. 画圆锥台的正等轴测图，先作出（　　　）。

    A. 上底的轴测轴　　　　　　　　　　B. 下底的轴测轴

    C. 上、下两底的轴测轴　　　　　　　D. 坐标轴

38. 带圆角底板的正等轴测图，首先要（　　　）。

    A. 画出底板的轴测图　　　　　　　　B. 画出圆角的轴测图

    C. 定出轴测轴　　　　　　　　　　　D. 定出坐标圆点

39. 画组合体的正等轴测图，要先了解（　　　）的组合形式。

    A. 平面体　　　　　B. 曲面体　　　　　C. 截平面位置　　　　　D. 若干基本体

40. 表示零件中间折断或局部断裂时，断裂的边界线应画成（　　　）。

    A. 细实线　　　　　B. 波浪线　　　　　C. 点画线　　　　　D. 双折线

41. 当剖切面通过肋板的纵向对称面时，这些结构可用（　　　）表示。

    A. 剖面线　　　　　B. 粗实线　　　　　C. 涂黑　　　　　D. 细点加以润饰

42. 画开槽圆柱体的正等轴测图一般采用（　　　）。

    A. 切割法　　　　　B. 换面法　　　　　C. 旋转法　　　　　D. 辅助平面法

43. 画开槽圆柱体的正等轴测图，首先画出（　　　）上下端面的椭圆及槽底平面的

椭圆。

    A. 槽   B. 三视图   C. 俯视图   D. 圆柱

44. 画支架的正等轴测图，一般采用叠加法，先在（   ）上画出坐标系。

    A. 主视图   B. 圆   C. 俯视图   D. 投影图

45. 画支架的正等轴测图，首先在投影图上画出（   ）。

    A. 坐标轴   B. 三视图   C. 剖视图   D. 断面图

46. 投影图的坐标与（   ）的坐标之间的对应关系是能否正确绘制轴测图的关键。

    A. 三视图   B. 主视图   C. 轴测图   D. 剖视图

47. 沿轴测量是（   ）的要领。

    A. 选取轴测图   B. 绘制剖视图   C. 选取辅助平面   D. 绘制轴测图

48. 正等轴测图由于作图简便，3 个方向的表现力相等，是最常用的一种绘制（   ）的方法。

    A. 三视图   B. 平面图   C. 剖视图   D. 轴测图

49. 正等轴测图上的椭圆是用（   ）绘制的。

    A. 直尺   B. 二心法   C. 四心法   D. 一个圆心

50. UG NX 中，曲线中的多边形生成方式有：（   ）、多边形边数和外切圆半径三种方式。

    A. 内接半径   B. 内接直径   C. 多边形边长   D. 多边形内角

51. UG NX 中，建模基准不包括（   ）。

    A. 基准坐标系   B. 基准线   C. 基准面   D. 基准轴

52. UG NX 特征建模时，孔、腔体、沟槽、（   ）等特征不能单独存在。

    A. 圆柱体   B. 键槽   C. 长方体   D. 球

53. UG NX 中，以下（   ）指令是作"加"的布尔运算。

    A. 孔   B. 腔体   C. 凸台   D. 球端槽

54. UG NX 中，（   ）在作曲面时能捕捉点来作为主曲线。

    A. 过曲线   B. 直纹面   C. 网格曲线   D. 桥接

55. UG NX 常用的装配方法有自底向上装配、自顶向下装配和（   ）等。

    A. 立式装配   B. 混合装配   C. 分布式装配   D. 集中式装配

（三）鉴定范围：图档管理

1. 图纸管理系统可以对成套图纸按照指定的路径自动（   ）文件、提取数据、建立产品树。

    A. 建立   B. 搜索   C. 复制   D. 删除

2. 产品树的作用是反映产品的（　　　）。

    A. 性能特性　　　　B. 技术要求　　　　C. 装配关系　　　　D. 加工属性

3. 产品树中的根结点应是产品的（　　　）。

    A. 效果图　　　　B. 示意图　　　　C. 装配简图　　　　D. 装配图

4. 产品树由（　　　）构成。

    A. 主要结点和次要结点　　　　　　B. 前面结点和中间结点

    C. 根结点和下级结点　　　　　　　D. 中间结点和后面结点

5. 产品树中的（　　　）是指根结点或下级结点。

    A. 部件　　　　B. 零件　　　　C. 组件　　　　D. 标准件

6. 自动生成产品树时，（　　　）明细表中的信息可添加到产品树下级结点中。

    A. 零件图　　　　B. 技术说明　　　　C. 装配图　　　　D. 产品

7. 对成套图纸进行管理的条件是：图纸中必须有反映产品（　　　）的装配图。

    A. 装配质量　　　　B. 装配关系　　　　C. 装配精度　　　　D. 装配要求

8. 图纸管理系统中，（　　　）操作对产品树中的数据信息进行统计。

    A. 统计　　　　B. 查询　　　　C. 打印　　　　D. 显示

9. 图纸管理系统中，查询操作对产品树中的信息进行（　　　）。

    A. 计算　　　　B. 分析　　　　C. 统计　　　　D. 查询

10. 图纸管理系统中，显示操作是以（　　　）方式显示产品树的信息。

    A. 列表　　　　B. 数据　　　　C. 图形　　　　D. 文本

二、判断题（正确的打"√"，错误的打"×"。错答、漏答均不得分，也不反扣分）

（一）鉴定范围：绘制二维图

1. 点的正面投影与水平投影的连线垂直于 X 轴。　　　　　　　　　　　（　　　）

2. A、B、C……点的正面投影用 a'、b'、c'……表示。　　　　（　　　）

3. 点的正面投影，反映 x、z 坐标。　　　　　　　　　　　　　　　（　　　）

4. 点的水平投影，反映 x、y 坐标。　　　　　　　　　　　　　　　（　　　）

5. 空间直线与投影面的相对位置关系有 3 种。　　　　　　　　　　　　（　　　）

6. 平行于一个投影面同时倾斜于另外两个投影面的直线称为投影面平行线。（　　　）

7. 垂直于一个投影面的直线称为投影面垂直线。　　　　　　　　　　　　（　　　）

8. 一般位置直线倾斜于三个投影面。　　　　　　　　　　　　　　　　　（　　　）

9. 平行于一个投影面的平面称为投影面平行面。　　　　　　　　　　　　（　　　）

10. 投影面垂直面同时垂直于两个投影面。　　　　　　　　　　　　　　（　　　）

11. 同时倾斜于三个投影面的平面称为一般位置平面。　　　　　　　　　（　　　）

12. 投影变换中，新投影面的建立必须与空间几何元素处于有利于解题的位置。（　　）

13. 点的投影变换中，新投影到新坐标轴的距离等于旧投影到旧坐标轴的距离。（　　）

14. 一般位置线变换为投影面平行线时，新投影轴的设立原则是新投影轴平行于直线的投影。（　　）

15. 平行线变换为投影面垂直线时，新投影轴的设立要垂直于反映直线实长的投影。（　　）

16. 一般位置平面变换为投影面垂直面时，设立的新投影轴必须垂直于平面中的一直线。（　　）

17. 投影面垂直面变换为投影面平行面时，设立的新投影轴必须平行于平面积聚为直线的那个投影。（　　）

18. 斜度是用尺寸线的形式标注在图中。（　　）

19. 锥度的标注包括指引线、锥度符号和斜度值。（　　）

20. 圆弧连接的要点是求圆心、画圆弧。（　　）

21. 已知椭圆短轴做椭圆的精确画法是同心圆法。（　　）

22. 物体由前向后投影，在正投影面得到的视图称为主视图。（　　）

23. 平面基本体的特征是每个表面都是平面。（　　）

24. 曲面基本体的特征是至少有 2 个表面是曲面。（　　）

25. 球体的表面可以看做是由一条直线绕其直径回转而成。（　　）

26. 截平面与立体表面的交线称为截交线。（　　）

27. 圆柱体截交线的种类有 2 种情况。（　　）

28. 圆锥体截交线的种类有 2 种情况。（　　）

29. 球体截交线的种类有 1 种情况。（　　）

30. 截平面与圆锥轴线平行时截交线的形状是矩形。（　　）

31. 截平面与圆柱轴线垂直时截交线的形状是棱柱。（　　）

32. 截平面与圆柱轴线倾斜时截交线的形状是椭圆。（　　）

33. 当截平面通过圆锥锥顶时，截交线为三角形，三角形的大小取决于截平面与轴线的倾斜角度。（　　）

34. 平面与圆锥相交，当截交线为圆时，其截平面必垂直于圆锥轴线。（　　）

35. 截平面平行于圆锥轴线截交时，截交线的形状为抛物线。（　　）

36. 相贯线一般是指平面与曲面立体的表面交线。（　　）

37. 相贯线一般是封闭的空间曲线。（　　）

38. 两直径不等的圆柱正交时，相贯线一般是一条封闭的平面曲线。（　　）

39. 两直径不等的圆柱与圆锥正交时，相贯线一般是一条封闭的空间曲线。 （ ）

40. 圆柱与球相交且轴线通过球心时，相贯线的形状为封闭的空间曲线。 （ ）

41. 圆锥与球相交且轴线通过球心时，相贯线的形状为圆。 （ ）

42. 求相贯线的基本方法是辅助素线法。 （ ）

43. 利用辅助平面法求两曲面立体表面交线时，其所作辅助平面只要平行于某一基本投影面即可。 （ ）

44. 组合体的组合形式分为叠加和切割两种。 （ ）

45. 三视图中的一个线框，可以表示物体上一个曲面的投影。 （ ）

46. 视图中的一条图线，可以是物体两表面交线的投影。 （ ）

47. 形体分析法和线面分析法是读组合体三视图的基本方法。 （ ）

48. 六个基本视图的投影关系是主、俯、右、仰视图长对正。 （ ）

49. 六个基本视图的配置中仰视图在主视图的上方且长对正。 （ ）

50. 局部视图是在基本投影面上得到的不完整的基本视图。 （ ）

51. 机件向平行于基本投影面投影所得的视图叫斜视图。 （ ）

52. 画斜视图时，必须在视图的上方标出视图的名称"X"（"X"为大写的拉丁字母），在相应视图附近用箭头指明投影方向，并注上相同的汉字。 （ ）

53. 斜视图主要用来表达机件倾斜部分的实形。 （ ）

54. 制图标准规定，剖视图分为全剖视图、半剖视图和局部剖视图。 （ ）

55. 剖视图中剖切面的种类分为全剖、半剖、局部剖三种。 （ ）

56. 在剖视图中，用两相交的剖切平面、组合的剖切平面剖开机件的方法，不论绘制的是哪种剖视图，都必须进行标注。 （ ）

57. 移出断面图只能画在箭头所指位置上。 （ ）

58. 断面图中，当剖切平面通过非圆孔，会导致出现完全分离的两个剖面时，这些结构应按剖视图绘制。 （ ）

59. 重合断面图的轮廓线和视图轮廓线重合时，视图轮廓线应该间断。 （ ）

60. UG NX 工程图，在新的空白图纸页中首先要添加的零件视图是基本视图。 （ ）

61. 常用的螺纹紧固件有六角头螺栓、双头螺柱、沉头螺钉、开槽螺母和平垫圈等。 （ ）

62. 装配图中当剖切平面纵剖螺栓、螺母、垫圈等紧固件及实心件时，按不剖绘制。 （ ）

63. 螺栓连接用于连接两零件厚度不大和需要经常拆卸的场合。 （ ）

64. 采用比例画法时，螺栓直径为 d，螺栓头厚度为 $0.5d$，螺纹长度为 $2d$，六角头画法同螺母。 （　　）

65. 采用比例画法时，六角螺母内螺纹大径为 D，六边形长边为 $2D$，倒角圆与六边形内切，螺母厚度为 $0.7D$，倒角形成的圆弧投影半径分别为 $1.5D$、D、r。 （　　）

66. 采用比例画法时，螺栓直径为 d，平垫圈外径为 $2d$，内径为 $1d$，厚度为 $0.5d$。 （　　）

67. 螺柱连接多用于被连接件之一较厚而不宜使用螺栓连接，或因经常拆卸不宜使用螺钉连接的场合。 （　　）

68. 画螺柱连接装配图时，螺柱旋入机体一端的螺纹，必须画成全部旋入螺孔内的形式。 （　　）

69. 画螺钉连接装配图时，在投影为圆的视图中，螺钉头部的一字槽、十字槽应画成与水平线成 $45°$ 的斜线。 （　　）

70. 叉架类零件通常由拨叉部分、支架部分及连接部分组成，形状不算复杂且较规则，零件上常有叉形结构、肋板和孔、槽等。 （　　）

71. 叉架类零件一般需要两个以上基本视图表达，常以工作位置为主视图，反映主要形状特征。 （　　）

72. 叉架类零件尺寸基准常选择叉架基面、叉架平面、叉架的中心线和轴线。 （　　）

73. 箱壳类零件主要起导向、传动其他零件的作用，常有内腔、轴承孔、凸台、肋、安装板、光孔、螺纹孔等结构。 （　　）

74. 箱壳类零件一般需要两个以上基本视图来表达，主视图按加工位置放置，投影方向按形状特征来选择。 （　　）

75. 箱壳类零件长、宽、高三个方向的主要尺寸基准可选任意的加工平面。 （　　）

76. 零件图上，对铸造圆角的尺寸标注可在技术要求中用"未注加工圆角 $R× ～R×$"方式标注。 （　　）

77. 零件图中一般的退刀槽可按"直径×槽宽"或"槽宽×槽深"的形式标注尺寸。 （　　）

78. 对于零件上用钻头钻出的不通孔或阶梯孔，画图时锥角一律画成 $118°$。钻孔深度是指圆柱部分的深度，不包括锥坑。 （　　）

79. 管螺纹的标注形式为"螺纹特征代号""尺寸代号""公差等级"。 （　　）

80. 梯形螺纹的标注方法是在螺纹大径的尺寸线或其延长线上注出梯形螺纹的代号。 （　　）

81. 表面粗糙度主要评定参数中应用最广泛的轮廓算术平均偏差，用 Ra 代表。 （　　）

82. 表面粗糙度的代号应标注在可见轮廓线、尺寸线、尺寸界线或它们的延长线上，其中符号的尖端必须从材料表面指向材料外。　　　　　　　　　　（　　）

83. 表面粗糙度代号中符号的方向必须与图中尺寸数字的方向一致。　　　（　　）

84. 标注表面粗糙度时，当零件所有表面具有相同的特征时，其代号可在图样的右上角统一标注，且代号的大小应为图样上其他代号的 1.4 倍。　　　　　（　　）

85. 尺寸公差中的极限尺寸是指尺寸测量中的两个极限值。　　　　　　（　　）

86. 尺寸公差中的极限偏差是指极限尺寸减基本尺寸所得的代数差。　　（　　）

87. 基本尺寸相同，相互结合的孔和轴公差带之间的关系，称为配合。　（　　）

88. 配合的种类有间隙配合、过盈配合、过渡配合三种。　　　　　　　（　　）

89. 为了生产上的方便，国家标准规定两种配合基准制，即基孔制和基轴制。（　　）

90. 国家标准规定了公差带由标准公差和基本偏差两个要素组成。标准公差确定公差带大小，基本偏差确定公差带位置。　　　　　　　　　　　　　　　（　　）

91. 零件图上尺寸公差的标注形式只有基本尺寸数字后边注写上、下偏差一种形式。（　　）

（二）鉴定范围：绘制三维图

1. 斜二轴测图中，OX 和 OZ 的轴测投影所形成的轴间角总是保持 90°。　（　　）

2. 斜二等轴测图中，有 2 个轴间角均取 135°。　　　　　　　　　　　（　　）

3. 斜二轴等测图的轴向变形系数均为 0.82。　　　　　　　　　　　　　（　　）

4. 在三视图中，与轴测投影面平行的平面上的圆，轴测投影为圆。　　（　　）

5. 四心圆法画椭圆的方法可用于斜二轴测投影中。　　　　　　　　　（　　）

6. 当 2 个轴的轴向变形系数相等时，所得到的轴测图称为正二等轴测图。（　　）

7. 正二等轴测图属于斜轴测投影。　　　　　　　　　　　　　　　　　（　　）

8. 取轴向变形系数 $p=r=0.94$，$q=0.47$，绘制的轴测图称为正二等轴测图。（　　）

9. 画物体的正二等轴测图中，一般采用简化变形系数。　　　　　　　（　　）

10. 正二等轴测图在采用简化变形系数后，各坐标面上的椭圆长轴的长度均为 1.06D。

（　　）

11. 在画轴测投影时只能沿着轴测轴方向进行测量。　　　　　　　　　（　　）

12. 3 根互相垂直的坐标轴是轴测图的轴测轴。　　　　　　　　　　　（　　）

13. 正等轴测图中轴间角的角度是 120°。　　　　　　　　　　　　　　（　　）

14. 正等轴测图的三个轴的轴向变形系数均相等。　　　　　　　　　　（　　）

15. 在正等轴测图中，常采用简化的轴向变形系数画图，变形系数为 1。　（　　）

16. 国家标准规定常用的轴测图为正轴测投影。　　　　　　　　　　　（　　）

17. 在正等轴测图中，采用简化轴向变形系数时，平行于坐标面的椭圆的长轴等于圆的

直径的 1.22 倍。　　　　　　　　　　　　　　　　　　　　　　　　　（　　）

　　18. 四心圆法画椭圆，必须知道椭圆的长短轴。　　　　　　　　　　　（　　）

　　19. 正等轴测图是唯一的轴测图。　　　　　　　　　　　　　　　　　（　　）

　　20. 轴测图上的尺寸数字乘上简化变形系数，是物体的真实大小。　　　（　　）

　　21. 画轴测剖视图是为表达物体内部的结构。　　　　　　　　　　　　（　　）

　　22. 可根据轴测剖视图画物体的形状。　　　　　　　　　　　　　　　（　　）

　　23. 绘制正等轴测图，首先在投影图中画出物体上的直角坐标系。　　　（　　）

　　24. 绘制正等轴测图的目的是用来进行度量。　　　　　　　　　　　　（　　）

　　25. 绘制棱柱或圆柱体正等轴测图时，一般采用基面法。　　　　　　　（　　）

　　26. 用基面法绘制圆柱体的正等轴测图，先绘出其透视图。　　　　　　（　　）

　　27. 绘制组合体正等轴测图时，一般采用叠加法。　　　　　　　　　　（　　）

　　28. 用叠加法绘制组合体的正等轴测图，先用形体分析法将组合体分解成若干个基本体，然后按照给定的位置关系，逐一画出各基本体的正等轴测图。　　　　　（　　）

　　29. 画切割体正等轴测图，可先画其三视图。　　　　　　　　　　　　（　　）

　　30. 为表达物体内部形状，在轴测图上也可采用简化画法。　　　　　　（　　）

　　31. 画轴测剖视图，均假想用两个相互平行的剖切平面将物体剖开，然后画出其轴测剖视图。　　　　　　　　　　　　　　　　　　　　　　　　　（　　）

　　32. 画轴测剖视图的唯一方法是先画断面，再画投影。　　　　　　　　（　　）

　　33. 画正等轴测剖视图，在被剖到的材料上画出剖面线。　　　　　　　（　　）

　　34. 先画断面形状、再画投影是画正等轴测剖视图的方法之一。　　　　（　　）

　　35. 画正六棱柱的正等轴测图，一般先画出顶面，再画棱线。　　　　　（　　）

　　36. 已知圆柱的直径，就可画出圆柱的正等轴测图。　　　　　　　　　（　　）

　　37. 画圆锥台的正等轴测图，必须先知顶圆、底圆的直径和高。　　　　（　　）

　　38. 带圆角底板的正等轴测图，圆角与平面的切点在共轭直径上。　　　（　　）

　　39. 组合体是由多个基本形体按一定位置关系组合而成的。　　　　　　（　　）

　　40. 剖切平面通过肋板的纵向对称平面时，剖面线用圆点代替。　　　　（　　）

　　41. 当剖切平面通过肋板时，不画剖面符号。　　　　　　　　　　　　（　　）

　　42. 画开槽圆柱体的正等轴测图一般采用换面法。　　　　　　　　　　（　　）

　　43. 画开槽圆柱体的正等轴测图先画出槽的轴测图。　　　　　　　　　（　　）

　　44. 画支架的正等轴测图一般采用叠加法。　　　　　　　　　　　　　（　　）

　　45. 画支架的正等轴测图先画外形、再作剖视。　　　　　　　　　　　（　　）

　　46. 投影图的 X 轴与轴测图的 Y 轴要对应，才能绘制轴测图。　　　　（　　）

47. 沿轴测量是绘制轴测图的要领。 （   ）

48. 正等轴测图的 3 个轴间角都是 120°，所以在 3 个方向上的椭圆长、短轴之比不等。 （   ）

49. 正等轴测图上的椭圆可用任意四段圆弧来完成。 （   ）

50. UG NX 中，偏置曲线是对已存在的曲线以一定的偏置方式得到的新曲线。 （   ）

51. UG NX 中，旋转特征是将特征截面曲线绕旋转中心线旋转而成的回转特征。

（   ）

52. UG NX 中，在建立孔特征时，不能建立基准平面以作为放置面。 （   ）

53. UG NX 中，布尔运算只适用于两个实体组合成单个实体的运算。 （   ）

54. UG NX 中，对于一些比较复杂的模型，不能直接采用实体建模时，可采用自由曲面操作逐个建立实体的表面，再缝合成实体或采用其他方法形成实体。 （   ）

55. UG NX 垂直装配约束用于约束两个对象的方向矢量彼此垂直。 （   ）

（三）鉴定范围：图档管理

1. 图纸管理系统可以对成套图纸按照指定的路径自动搜索文件、提取数据、建立产品树。 （   ）

2. 产品树的作用是反映产品的装配关系。 （   ）

3. 产品树中的根结点应是产品的装配图。 （   ）

4. 产品树由主要结点和次要结点构成。 （   ）

5. 产品树中的组件是指根结点或下级结点。 （   ）

6. 图纸管理系统中，自动生成产品树的第一步是建立产品路径集。 （   ）

7. 对成套图纸进行管理的条件是：图纸中必须有反映产品装配关系的零件图。 （   ）

8. 图纸管理系统中，统计操作对产品树中的图形信息进行操作。 （   ）

9. 图纸管理系统中，查询操作对产品树中的信息进行查询。 （   ）

10. 图纸管理系统中，显示操作是以数据方式显示产品树的信息。 （   ）

第三节　中级操作技能习题选

一、草绘图形

要求：准确按样图尺寸绘图，删除多余的线条。

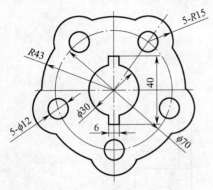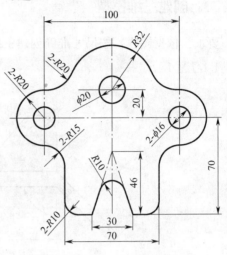

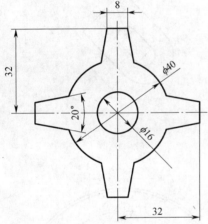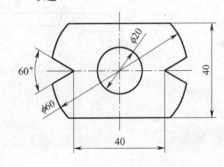

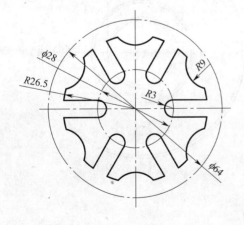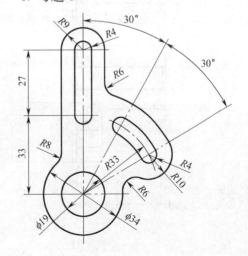

1. 习题1

2. 习题2

3. 习题3

4. 习题4

5. 习题5

6. 习题6

二、创建三维模型

要求：依据图样，按尺寸准确创建三维模型。

1. 习题 1

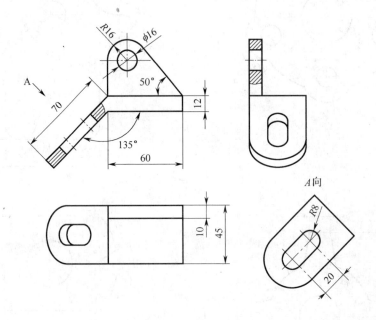

2. 习题 2

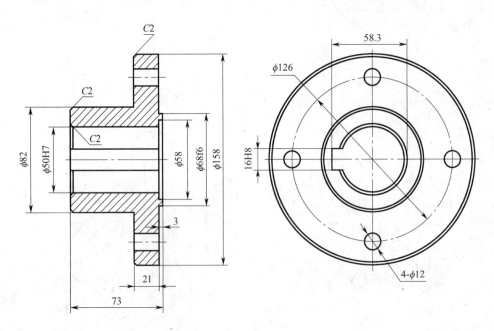

3. 习题 3

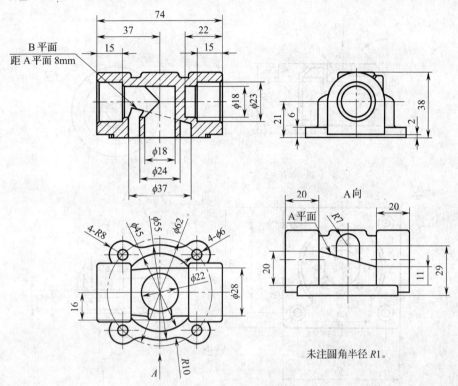

未注圆角半径 R1。

4. 习题 4

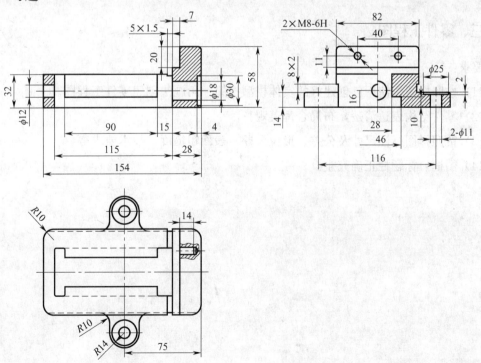

5. 习题 5

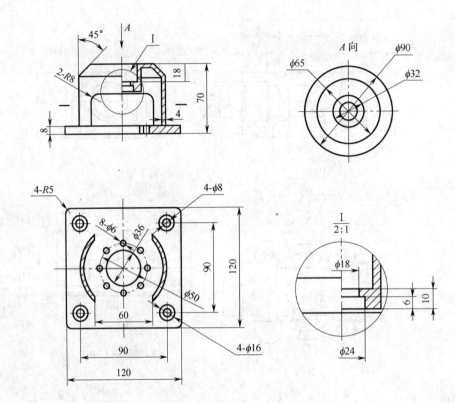

三、零件工程图

要求：

（1）按照样图，使用已创建好的实体模型按第一角画法创建零件工程图。

（2）零件结构表达清楚，布局合理美观。

（3）按照样图标注尺寸及公差、形位公差、表面粗糙度、技术要求等。

（4）图框、标题栏正确完整。

1. 习题1

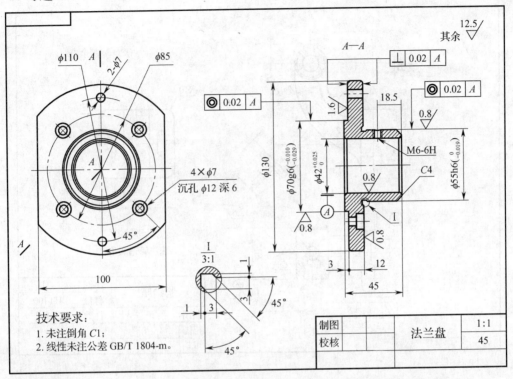

技术要求：
1. 未注倒角 C1；
2. 线性未注公差 GB/T 1804-m。

制图		法兰盘	1:1
校核			45

2. 习题2

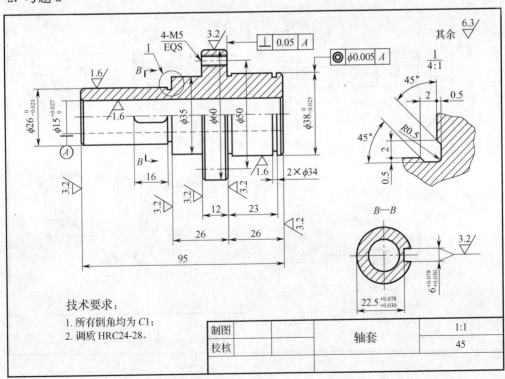

技术要求：
1. 所有倒角均为 C1；
2. 调质 HRC24-28。

制图		轴套	1:1
校核			45

3. 习题 3

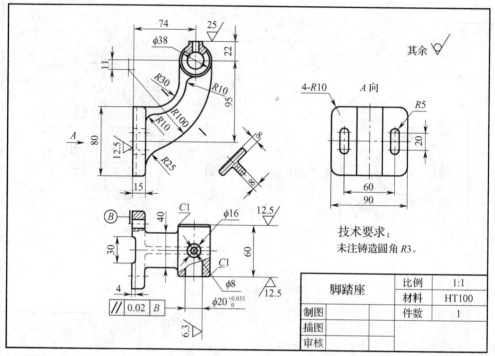

技术要求：
未注铸造圆角 R3。

脚踏座	比例	1:1
	材料	HT100
制图	件数	1
描图		
审核		

4. 习题 4

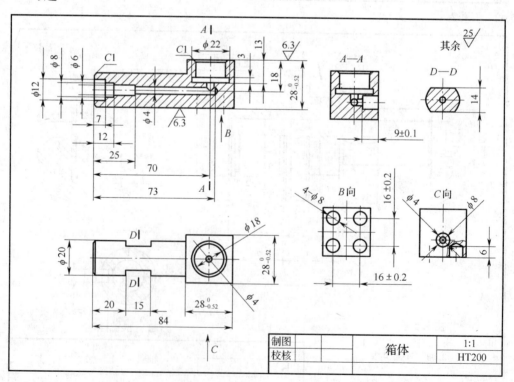

制图		箱体	1:1
校核			HT200

5. 习题5

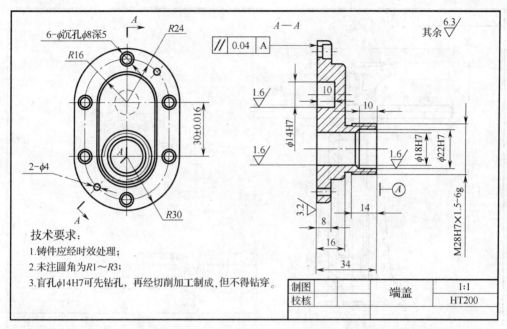

技术要求：
1. 铸件应经时效处理；
2. 未注圆角为R1~R3；
3. 盲孔φ14H7可先钻孔，再经切削加工制成，但不得钻穿。

制图		端盖	1:1
校核			HT200

四、产品装配

要求：

（1）将"装配模型"文件夹内的零件模型按图样进行装配。

（2）装配位置、装配关系要正确。

1. 习题1

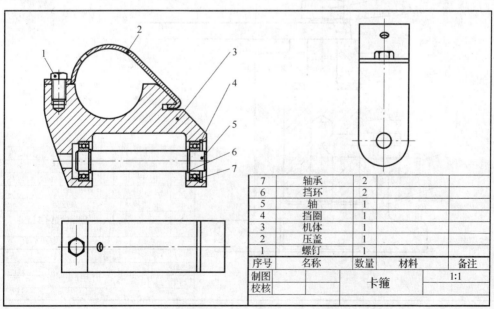

7	轴承	2		
6	挡环	2		
5	轴	1		
4	挡圈	1		
3	机体	1		
2	压盖	1		
1	螺钉	1		
序号	名称	数量	材料	备注
制图		卡箍		1:1
校核				

2. 习题 2

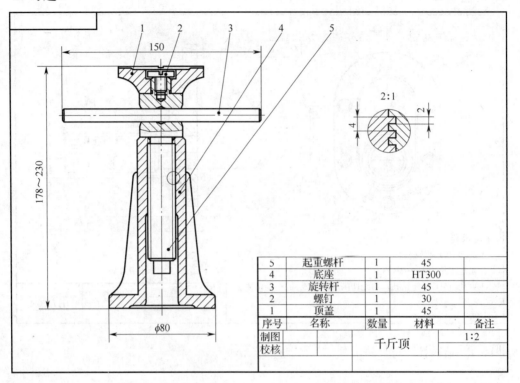

5	起重螺杆	1	45	
4	底座	1	HT300	
3	旋转杆	1	45	
2	螺钉	1	30	
1	顶盖	1	45	
序号	名称	数量	材料	备注
制图			千斤顶	1:2
校核				

3. 习题 3

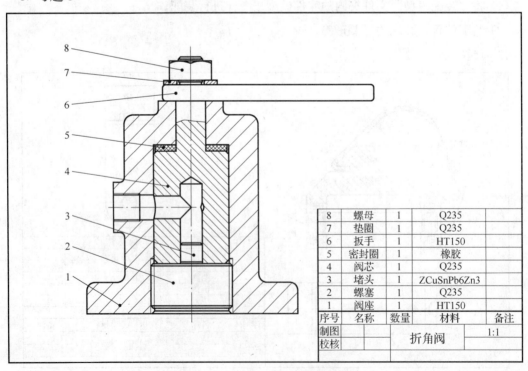

8	螺母	1	Q235	
7	垫圈	1	Q235	
6	扳手	1	HT150	
5	密封圈	1	橡胶	
4	阀芯	1	Q235	
3	堵头	1	ZCuSnPb6Zn3	
2	螺塞	1	Q235	
1	阀座	1	HT150	
序号	名称	数量	材料	备注
制图			折角阀	1:1
校核				

4. 习题 4

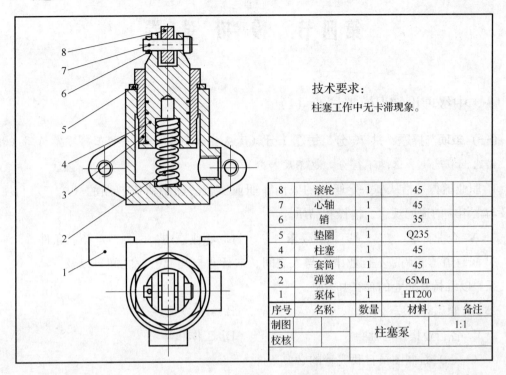

技术要求:
柱塞工作中无卡滞现象。

8	滚轮	1	45	
7	心轴	1	45	
6	销	1	35	
5	垫圈	1	Q235	
4	柱塞	1	45	
3	套筒	1	45	
2	弹簧	1	65Mn	
1	泵体	1	HT200	
序号	名称	数量	材料	备注
制图			柱塞泵	1:1
校核				

5. 习题 5

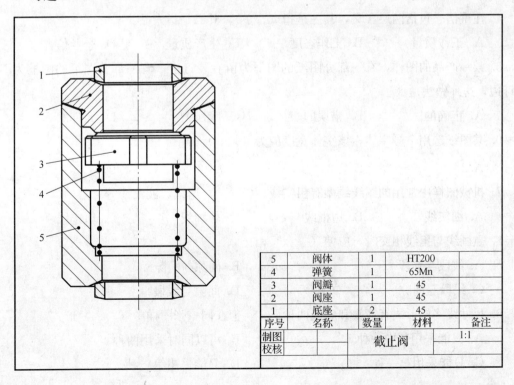

5	阀体	1	HT200	
4	弹簧	1	65Mn	
3	阀瓣	1	45	
2	阀座	1	45	
1	底座	2	45	
序号	名称	数量	材料	备注
制图			截止阀	1:1
校核				

第四节 模 拟 试 卷

一、中级理论知识模拟试卷（1）

（一）单项选择题：共 70 分，每题 1 分（请从备选项中选取一个正确答案填写在括号中。错选、漏选、多选均不得分，也不反扣分）

1. 职业道德是指从事一定职业的人们在职业实践活动中所应遵循的（　　）和规范，以及与之相应的道德观念、情操和品质。

　　A. 企业标准　　　　　B. 培训要求　　　　　C. 职业原则　　　　　D. 招聘条件

2. 职业道德能调节本行业中人与人之间、本行业与其他行业之间，以及（　　）之间的关系，以维持其职业的存在和发展。

　　A. 职工和家庭　　　　　　　　　　B. 社会失业率

　　C. 各行业集团与社会　　　　　　　D. 工作和学习

3. （　　）是制图员自我完善的必要条件。

　　A. 行为规范　　　　B. 工作再深造　　　　C. 职业道德　　　　D. 就业培训

4. 注重信誉包括两层含义，其一是指（　　），其二是指人品。

　　A. 工作质量　　　　B. 工作态度　　　　C. 生产质量　　　　D. 企业信誉

5. 某一产品的图样，有一部分图纸的图框为留有装订边，有一部分图纸的图框为不留装订边，这种做法是（　　）。

　　A. 正确的　　　　　B. 错误的　　　　　C. 无所谓　　　　　D. 允许的

6. 某图纸选用 7 号字体，该字体宽度应为（　　）mm。

　　A. 2/7　　　　　B. 7/2　　　　　C. $7/\sqrt{2}$　　　　　D. $7/\sqrt{3}$

7. 机械图样中常用的图线线型有粗实线、（　　）、虚线、波浪线等。

　　A. 细实线　　　　B. 边框线　　　　C. 轮廓线　　　　D. 轨迹线

8. 点画线与虚线相交时，应使（　　）相交。

　　A. 线段与线段　　　　　　　　　　B. 间隙与间隙

　　C. 线段与间隙　　　　　　　　　　D. 间隙与线段

9. 尺寸线终端形式有箭头和斜线两种形式，但在同一张图样中（　　）形式。

　　A. 只能采用其中一种　　　　　　　B. 可以同时采用两种

　　C. 只能采用第一种　　　　　　　　D. 只能采用第二种

10. 中心投影法的投射中心位于（　　　）处。

    A. 投影面　　　　　B. 投影物体　　　　　C. 无限远　　　　　D. 有限远

11. 工程上常用的投影有多面正投影、轴测投影、透视投影和（　　　）。

    A. 正投影　　　　　B. 斜投影　　　　　C. 中心投影　　　　　D. 标高投影

12. 以下应用软件不属于计算机绘图软件的是（　　　）。

    A. WORD　　　　　　　　　　　　　B. MDT

    C. AUTO CAD　　　　　　　　　　　D. CAXA 电子图板

13. 一张完整的零件图应包括（　　　）。

    A. 主视图、俯视图、左视图、后视图、仰视图、右视图

    B. 视图、剖视图、断面图

    C. 视图、尺寸、技术要求、标题栏和明细表

    D. 视图、尺寸、技术要求、标题栏

14. 装配图中不应包括（　　　）。

    A. 视图　　　　　　B. 尺寸　　　　　C. 技术规范　　　　　D. 技术要求

15. 点的正面投影与（　　　）投影的连线垂直于 X 轴。

    A. 右面　　　　　　B. 侧面　　　　　C. 左面　　　　　D. 水平

16. 点的正面投影，反映（　　　）、z 坐标。

    A. o　　　　　　　B. y　　　　　　C. x　　　　　　D. z

17. 空间直线与投影面的相对位置关系有（　　　）种。

    A. 1　　　　　　　B. 2　　　　　　C. 3　　　　　　D. 4

18. 垂直于一个投影面的直线称为投影面（　　　）。

    A. 倾斜线　　　　　B. 垂直线　　　　　C. 平行线　　　　　D. 相交线

19. 投影面平行面垂直于（　　　）投影面。

    A. 一个　　　　　　B. 两个　　　　　C. 三个　　　　　D. 四个

20. 投影面的（　　　）同时倾斜于三个投影面。

    A. 平行面　　　　　　　　　　　　B. 一般位置平面

    C. 垂直面　　　　　　　　　　　　D. 正垂面

21. 点的投影变换中，新投影到新坐标轴的距离（　　　）旧投影到旧坐标轴的距离。

    A. 小于　　　　　　B. 等于　　　　　C. 大于　　　　　D. 不等于

22. 直线的投影变换中，平行线变换为投影面（　　　）时，新投影轴的设立原则是新投影轴垂直于反映直线实长的投影。

    A. 倾斜线　　　　　B. 垂直线　　　　　C. 一般位置线　　　　　D. 平行线

23. 投影面垂直面变换为投影面平行面时，设立的新投影轴必须（   ）平面积聚为直线的那个投影。

    A. 垂直于   B. 平行于   C. 相交于   D. 倾斜于

24. 锥度的标注包括指引线、（   ）、锥度值。

    A. 锥度   B. 符号   C. 锥度符号   D. 字母

25. 已知椭圆短轴的大小，精确画椭圆的方法是（   ）。

    A. 同心圆法   B. 四心法   C. 二心法   D. 一心法

26. 平面基本体的特征是每个表面都是（   ）。

    A. 平面   B. 圆弧面   C. 球面   D. 曲面

27. 球体的表面可以看做是由一条半圆母线绕其（   ）回转而成。

    A. 轴线   B. 素线   C. 半径   D. 直径

28. 截平面与圆柱体轴线平行时截交线的形状是（   ）。

    A. 圆   B. 矩形   C. 椭圆   D. 三角形

29. （   ）截交线的形状总是圆。

    A. 球体   B. 圆柱体   C. 圆锥体   D. 回转体

30. 截平面与圆柱轴线垂直时（   ）的形状是圆。

    A. 过度线   B. 截交线   C. 相贯线   D. 轮廓线

31. 平面与圆锥相交，且平面通过锥顶时，截交线形状为（   ）。

    A. 双曲线   B. 三角形   C. 抛物线   D. 椭圆

32. 平面与（   ）相交，且截平面平行于立体轴线时，截交线形状为双曲线。

    A. 圆柱   B. 圆锥   C. 圆球   D. 椭圆

33. 相贯线是两立体表面的共有线，是（   ）立体表面的共有点的集合。

    A. 一个   B. 两个   C. 三个   D. 四个

34. 两直径不等的圆柱与圆锥正交时，相贯线一般是一条（   ）曲线。

    A. 非闭合的空间   B. 封闭的空间

    C. 封闭的平面   D. 非封闭的平面

35. 断面图分为（   ）和重合断面图两种。

    A. 移出断面图   B. 平面断面图

    C. 轮廓断面图   D. 平移断面图

36. （   ）断面图的轮廓线用细实线绘制。

    A. 重合   B. 移出

    C. 中断   D. 剖切

37. 分析曲面立体的相贯线，正确补画的视图是（ ）。

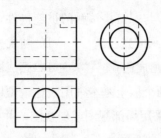

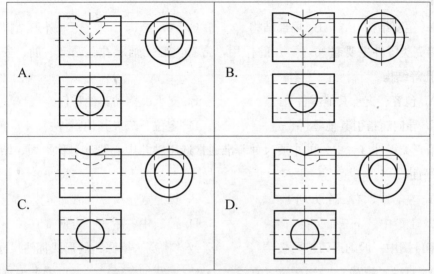

A.　　　　　　　　　　　　　　B.

C.　　　　　　　　　　　　　　D.

38. UG NX "编辑" 菜单中，"重作" 命令的功能是恢复刚刚使用（ ）完成的操作。

　　A. 删除命令　　　　B. 撤销命令　　　　C. 编辑命令　　　　D. 绘图命令

39. UG NX 的草图由草图平面、草图坐标系、草图曲线和（ ）等组成。

　　A. 草图约束　　　　B. 草图尺寸　　　　C. 几何约束　　　　D. 草图基准

40. 常用的螺纹紧固件有（ ）、螺柱、螺钉、螺母和垫圈等。

　　A. 螺栓　　　　　　B. 长螺栓　　　　　C. 方头螺栓　　　　D. 六角头螺栓

41. 螺栓连接用于连接两零件（ ）和需要经常拆卸的场合。

　　A. 厚度不大　　　　B. 厚度很大　　　　C. 长度不长　　　　D. 长度很长

42. 采用比例画法时，六角螺母内螺纹大径为 D，六边形长边为 $2D$，（ ），螺母厚度为 $0.8D$，倒角形成的圆弧投影半径分别为 $1.5D$、D、r。

　　A. 倒角圆直径为 $1.6D$　　　　　　　　B. 倒角圆直径为 $1.8D$

　　C. 倒角圆与六边形内切　　　　　　　　D. 倒角圆与六边形外切

43. 下列场合不宜用螺柱来连接的是（ ）。

　　A. 被连接件之一较厚　　　　　　　　　B. 被连接件之一不允许钻通孔

C. 两连接件均不厚　　　　　　　　　　D. 两连接件均较厚

44. 画螺钉连接装配图时，与螺钉头接触的被连接件，一定要（　　　）。

　　A. 画成螺孔，而不能画成光孔　　　　B. 画成光孔，而不能画成螺孔

　　C. 画成盲孔，而不能画成通孔　　　　D. 画成圆孔，而不能画成锥孔

45. 叉架类零件一般需要两个以上基本视图表达，常以工作位置为主视图，反映主要形状特征。连接部分和细部结构采用局部视图或斜视图，并用剖视图、断面图、局部放大图表达（　　　）。

　　A. 主要结构　　　　B. 局部结构　　　　C. 内部结构　　　　D. 外形结构

46. 箱壳类零件主要起（　　　）的作用，常有内腔、轴承孔、凸台、肋、安装板、光孔、螺纹孔等结构。

　　A. 包容、支承其他零件　　　　　　　B. 支承、传动其他零件

　　C. 导向、指引其他零件　　　　　　　D. 定位、疏导其他零件

47. 箱壳类零件（　　　）的主要尺寸基准通常选用轴孔中心线、对称平面、结合面和较大的加工平面。

　　A. 左、中、右三个方向　　　　　　　B. 长、宽、高三个方向

　　C. 上、中、下三个方向　　　　　　　D. 前、中、后三个方向

48. 零件图中一般的退刀槽可按"（　　　）"或"槽宽×槽深"的形式标注尺寸。

　　A. 直径×槽宽　　　B. 槽宽×直径　　　C. 槽宽＋直径　　　D. 槽宽－直径

49. 管螺纹的标注形式为"螺纹特征代号""（　　　）""公差等级"。

　　A. 尺寸代号　　　　B. 牙型代号　　　　C. 公称直径　　　　D. 公称尺寸

50. 有2个轴的轴向变形系数相等的斜轴测投影称为（　　　）。

　　A. 斜二测　　　　　B. 正二测　　　　　C. 正等测　　　　　D. 正三测

51. 在斜二等轴测图中，其中1个轴的轴向伸缩系数与另2个轴的轴向伸缩系数不同，取（　　　）。

　　A. 1　　　　　　　B. 0.5　　　　　　　C. 0.82　　　　　　D. 1.22

52. 在斜二轴测图中，与坐标面不平行的平面上的（　　　），其轴测投影为椭圆。

　　A. 椭圆　　　　　　B. 直线　　　　　　C. 圆　　　　　　　D. 曲线

53. 在轴测投影中，物体上两平行线段的长度与轴测投影的长度比值是（　　　）。

　　A. 2：1　　　　　　B. 相等　　　　　　C. 1：2　　　　　　D. 任意的

54. 正等轴测图的轴间角角度为（　　　）。

　　A. 45°　　　　　　 B. 60°　　　　　　 C. 90°　　　　　　 D. 120°

55. 正等轴测图中，轴向变形系数为（　　　）。

A. 0.82　　　　B. 1　　　　C. 1.22　　　　D. 1.5

56. 在正等轴测图中，当圆平行于 XOY 坐标面时，其椭圆的短轴与（　　）重合。

　　A. Z 轴　　　　B. Y 轴　　　　C. X 轴　　　　D. 坐标轴

57. 正等轴测图常用来作（　　）的辅助图形。

　　A. 单面正投影　　B. 多面正投影　　C. 主视图　　D. 局部视图

58. 为表示物体的内部形状，需要在轴测图上（　　）。

　　A. 画虚线　　　B. 作局部放大　　C. 作剖切　　D. 作润饰

59. 绘制正等轴测图，首先在投影图中画出物体上的（　　）。

　　A. 交线　　　　B. 圆　　　　C. 直角坐标系　　D. 三视图

60. 绘制棱柱体或圆柱体的正等轴测图，一般采用（　　）。

　　A. 旋转法　　　B. 换面法　　　C. 基面法　　　D. 形体分析法

61. 叠加法适用于绘制（　　）的正等轴测图。

　　A. 基本体　　　B. 切割体　　　C. 组合体　　　D. 圆柱体

62. （　　）是某一或某些基本体被若干个平面切割而形成的。

　　A. 组合体　　　B. 基本体　　　C. 切割体　　　D. 圆柱体

63. 为表达（　　）内部形状，在轴测图上也可采用剖视图画法。

　　A. 圆柱体　　　B. 圆锥体　　　C. 物体　　　　D. 棱柱体

64. 绘制轴测剖视图的方法有先画（　　）、再作剖视和先画断面形状、再画投影两种。

　　A. 主视图　　　B. 透视图　　　C. 剖切面　　　D. 外形

65. 画正等轴测剖视图，可先在（　　）上分别画出两个方向的断面，再画断面后的可见部分。

　　A. 投影面　　　B. 轴测轴　　　C. 直角坐标系　　D. 半剖视图

66. UG NX 中，曲线中的多边形生成方式有：（　　）、多边形边数和外切圆半径三种方式。

　　A. 内接半径　　B. 内接直径　　C. 多边形边长　　D. 多边形内角

67. UG NX 特征建模时，长方体、球、（　　）等特征能单独存在。

　　A. 圆柱体　　　B. 孔　　　　C. 键槽　　　　D. 腔体

68. 图纸管理系统可以对成套图纸按照指定的路径自动（　　）文件、提取数据、建立产品树。

　　A. 建立　　　　B. 搜索　　　　C. 复制　　　　D. 删除

69. 产品树中的根结点应是产品的（　　）。

　　A. 立体图　　　B. 装配图　　　C. 部件图　　　D. 零件图

70. 产品树中的组件是指根结点或（　　）结点。

A. 下级   B. 次要   C. 附属   D. 中间

（二）判断题：共 30 分，每题 1 分（正确的打"√"，错误的打"×"。错答、漏答均不得分，也不反扣分）

71. 讲究质量就是要做到自己绘制的每一张图纸都能符合图样的规定和产品的要求，为生产提供可靠的依据。　　　　　　　　　　　　　　　　　　　　　　（　　）

72. 遵纪守法是指制图员要遵守职业纪律和职业活动的法律、法规，保守国家机密，不泄露企业情报信息。　　　　　　　　　　　　　　　　　　　　　　　　（　　）

73. 当标注线性尺寸时，尺寸线必须与所注的线段平行。　　　　　　　　（　　）

74. 角度尺寸的标注方法与线性尺寸的标注方法相同。　　　　　　　　　（　　）

75. 使用圆规画圆时，只要使铅芯或鸭嘴笔垂直于纸面就行。　　　　　　（　　）

76. 斜投影是中心投影。　　　　　　　　　　　　　　　　　　　　　　（　　）

77. 装配图既能表示机器性能、结构、工作原理，又能指导安装、调整、维护和使用。

（　　）

78. 圆锥与球相交且轴线通过球心时，相贯线的形状为封闭的空间曲线。（　　）

79. 利用辅助平面法求两曲面立体表面交线时，其所作辅助平面必须处于有利于作图的位置。　　　　　　　　　　　　　　　　　　　　　　　　　　　　　　（　　）

80. 组合体尺寸标注的基本要求是齐全、清晰、合理。　　　　　　　　　（　　）

81. 视图中的一条图线可以是物体上某一平行面的投影。　　　　　　　　（　　）

82. 六个基本视图的投影关系是主、俯、右、仰视图长对正。　　　　　　（　　）

83. 局部视图是在基本投影面上得到的不完整的基本视图。　　　　　　　（　　）

84. 画斜视图时，必须在视图的上方标出视图的名称"X"（"X"为大写的拉丁字母），在相应视图附近用箭头指明投影方向，并注上相同的汉字。　　　　　　　（　　）

85. 制图标准规定，剖视图分为全剖视图和局部剖视图两种。　　　　　　（　　）

86. 在剖视图中，用两相交的剖切平面、组合的剖切平面剖开机件的方法，不论绘制的是哪种剖视图，都必须进行标注。　　　　　　　　　　　　　　　　　　（　　）

87. 表面粗糙度主要评定参数中应用最广泛的轮廓算术平均偏差，用 R_z 代表。（　　）

88. 标注表面粗糙度时，当零件所有表面具有相同的特征时，其代号可在图样的右上角统一标注，且代号的大小应为图样上其他代号的 1.4 倍。　　　　　　　（　　）

89. 尺寸公差中的极限偏差是指极限尺寸减偏差尺寸所得的代数差。　　　（　　）

90. 配合的种类有基孔配合、基轴配合、基准配合三种。　　　　　　　　（　　）

91. 零件图上尺寸公差的标注形式只有基本尺寸数字后边注写上、下偏差一种形式。

（　　）

92. 取轴向变形系数 $p=r=0.94$，$q=0.47$，绘制的轴测图称为正二等轴测图。（　　）

93. 正二等轴测图在采用简化变形系数后，各坐标面上的椭圆长轴的长度均为 $1.06D$。

（　　）

94. 带圆角底板的正等轴测图，圆角与平面的切点在共轭直径上。（　　）

95. 剖切平面通过肋板的纵向对称平面时，剖面线用圆点代替。（　　）

96. 画开槽圆柱体的正等轴测图要先定出坐标轴。（　　）

97. 画支架的正等轴测图，一般先在投影图上画出坐标轴。（　　）

98. 正等轴测图的 3 个轴间角都是 $120°$，所以在 3 个方向上的椭圆长、短轴之比不等。

（　　）

99. UG NX 中，直纹面与拉伸、旋转等特征一样必须先绘制一个二维截面。（　　）

100. 对成套图纸进行管理的条件是：图纸中必须有反映产品装配关系的装配图。（　　）

二、中级理论知识模拟试卷（2）

（一）单项选择题：共 70 分，每题 1 分（请从备选项中选取一个正确答案填写在括号中。错选、漏选、多选均不得分，也不反扣分）

1. 职业道德是社会道德的重要组成部分，是（　　）和规范在职业活动中的具体化。

　　A. 社会道德原则　　B. 企业制度　　　　C. 道德观念　　　　D. 工作要求

2. 职业道德主要概括本职业的职业业务和（　　），反映本职业的特殊利益和要求。

　　A. 职业分工　　　　B. 人才分类　　　　C. 职业文化　　　　D. 职业职责

3. 爱岗敬业就是要把尽心尽责做好本职工作变成一种自觉行为，具有从事制图员工作的（　　）。

　　A. 职业道德　　　　B. 自豪感和荣誉感　C. 能力　　　　　　D. 热情

4. 下列等式正确的是（　　）。

　　A. 1 张 A2 幅面图纸＝2 张 A1 幅面图纸

　　B. 1 张 A4 幅面图纸＝2 张 A3 幅面图纸

　　C. 2 张 A2 幅面图纸＝1 张 A1 幅面图纸

　　D. 2 张 A1 幅面图纸＝1 张 A2 幅面图纸

5. 关于图纸的标题栏在图框中的位置，下列叙述正确的是（　　）。

　　A. 配置在任意位置　　　　　　　　　B. 配置在右下角

　　C. 配置在左下角　　　　　　　　　　D. 配置在图中央

6. 图纸中斜体字字头向右倾斜，与（　　）成 75°角。

    A. 竖直方向　　　　B. 水平基准线　　　　C. 图纸左端　　　　D. 图框右侧

7. 在机械图样中，细点画线一般用于表示轴线、（　　）、轨迹线和节圆及节线。

    A. 对称中心线　　　B. 可见轮廓线　　　　C. 断裂边界线　　　　D. 可见过渡线

8. 图样上标注的尺寸，一般应由尺寸界线、（　　）、尺寸数字组成。

    A. 尺寸线　　　　　　　　　　　　　　B. 尺寸箭头

    C. 尺寸箭头及其终端　　　　　　　　　D. 尺寸线及其终端

9. 平行投影法分为（　　）两种。

    A. 中心投影法和平行投影法　　　　　　B. 正投影法和斜投影法

    C. 主要投影法和辅助投影法　　　　　　D. 一次投影法和二次投影法

10. 平行投影法是投射线（　　）的投影法。

    A. 汇交一点　　　B. 远离中心　　　　C. 相互平行　　　　D. 相互垂直

11. （　　）不属于典型的微型计算机绘图系统的组成部分。

    A. 程序输入设备　　　　　　　　　　　B. 图形输入设备

    C. 图形输出设备　　　　　　　　　　　D. 主机

12. 打印机、绘图机、显示器等是（　　）。

    A. 图形输入设备　　　　　　　　　　　B. 图形输出设备

    C. 图形储存设备　　　　　　　　　　　D. 图形复印设备

13. 零件按结构特点可分为（　　）。

    A. 轴套类、叶片类、叉架类、箱壳类和薄板类

    B. 轴套类、盘盖类、叉架类、箱壳类和薄板类

    C. 轴套类、盘盖类、支座类、箱壳类和薄板类

    D. 轴套类、盘盖类、叉架类、填料类和薄板类

14. 劳动合同是劳动者与用人单位确定劳动关系、明确双方权利和义务的（　　）。

    A. 文件　　　　B. 法律　　　　C. 条款　　　　D. 协议

15. A、B、C……点的（　　）投影用 a、b、c……表示。

    A. 水平　　　　B. 正面　　　　C. 侧面　　　　D. 右面

16. 点的（　　）投影反映 x、y 坐标。

    A. 水平　　　　B. 侧面　　　　C. 正面　　　　D. 右面

17. 平行于一个投影面同时倾斜于另外（　　）投影面的直线称为投影面平行线。

    A. 四个　　　　B. 三个　　　　C. 一个　　　　D. 两个

18. 一般位置直线（　　）于三个投影面。

A. 垂直　　　　　　B. 倾斜　　　　　　C. 平行　　　　　　D. 包含

19. 投影面垂直面同时倾斜于（　　）投影面。

A. 两个　　　　　　B. 一个　　　　　　C. 三个　　　　　　D. 四个

20. 投影变换中，新设置的投影面必须（　　）于原投影面体系中的一个投影面。

A. 平行　　　　　　B. 垂直　　　　　　C. 相交　　　　　　D. 倾斜

21. 直线的投影变换中，一般位置线变换为投影面平行线时，新投影轴的设立原则是新投影轴（　　）直线的投影。

A. 垂直于　　　　　B. 平行于　　　　　C. 相交于　　　　　D. 倾斜于

22. 一般位置平面变换为投影面垂直面时，设立的（　　）必须垂直于平面中的一直线。

A. 旧投影轴　　　　B. 新投影轴　　　　C. 新投影面　　　　D. 旧投影面

23. 斜度的标注包括指引线、斜度符号、（　　）。

A. 斜度　　　　　　B. 斜度值　　　　　C. 数字　　　　　　D. 字母

24. 圆弧连接的要点是（　　）。

A. 求切点、画圆弧　　　　　　　　　B. 求圆心、求切点

C. 求圆心、求切点、画圆弧　　　　　D. 求圆心、画圆弧

25. 物体由左向右投影，在侧立投影面得到的视图，称为（　　）。

A. 俯视图　　　　　B. 主视图　　　　　C. 左视图　　　　　D. 向视图

26. 曲面基本体的特征是至少有一个表面是（　　）。

A. 圆柱面　　　　　B. 曲面　　　　　　C. 圆锥面　　　　　D. 球面

27. 截平面与立体表面的（　　）称为截交线。

A. 交线　　　　　　B. 轮廓线　　　　　C. 相贯线　　　　　D. 过渡线

28. 圆锥体截交线的种类有（　　）种。

A. 1　　　　　　　　B. 3　　　　　　　　C. 5　　　　　　　　D. 7

29. 截平面与圆柱轴线（　　）时截交线的形状是矩形。

A. 相交　　　　　　B. 倾斜　　　　　　C. 垂直　　　　　　D. 平行

30. 截平面与圆柱轴线倾斜时截交线的形状是（　　）。

A. 圆　　　　　　　B. 矩形　　　　　　C. 椭圆　　　　　　D. 三角形

31. 平面与圆锥相交，当截交线形状为圆时，说明截平面（　　）。

A. 通过圆锥锥顶　　B. 通过圆锥轴线　　C. 平行圆锥轴线　　D. 垂直圆锥轴线

32. 两曲面立体相交，其表面交线称为（　　）。

A. 相贯线　　　　　B. 截交线　　　　　C. 平面曲线　　　　D. 空间曲线

33. 两直径不等的圆柱正交时，（　　）一般是一条封闭的空间曲线。

    A. 轮廓线　　　　B. 相贯线　　　　C. 过渡线　　　　D. 截交线

34. 圆柱与球相交且轴线通过球心时，相贯线的形状为（　　）。

    A. 直线　　　　　B. 圆　　　　　C. 空间曲线　　　　D. 椭圆

35. 断面图中，当剖切平面通过非圆孔，会导致出现完全分离的两个剖面时，这些结构应按（　　）绘制。

    A. 断面图　　　　B. 外形图　　　　C. 剖视图　　　　D. 视图

36. 参照物体的轴测图和已知视图，正确补画的视图是（　　）。

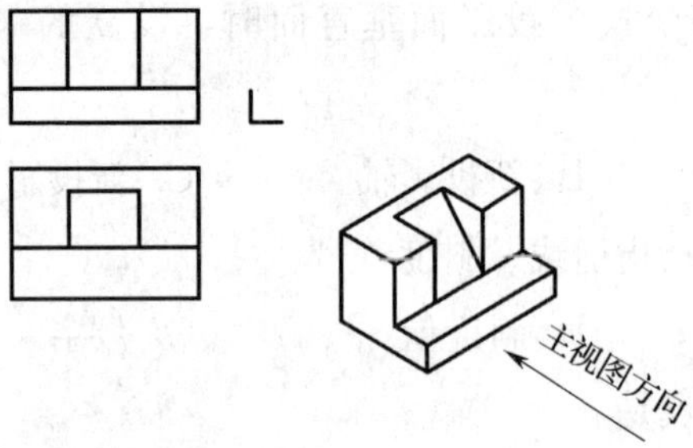

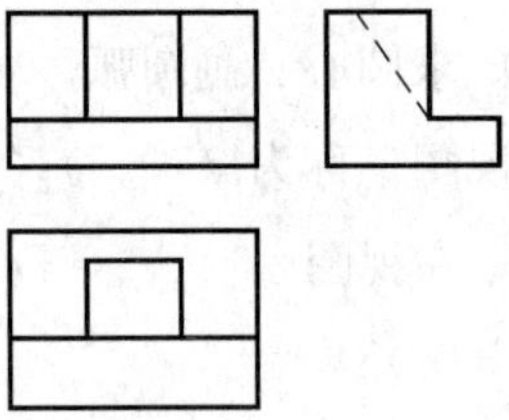

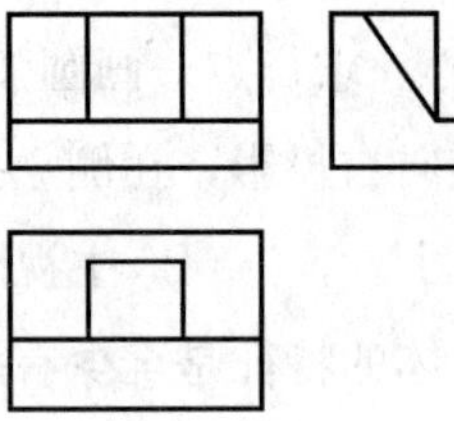

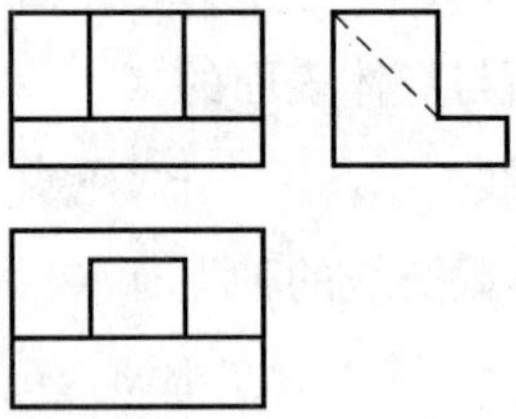

37. 使用 UG NX 创建新的模型文件，正确的操作是（　　）。

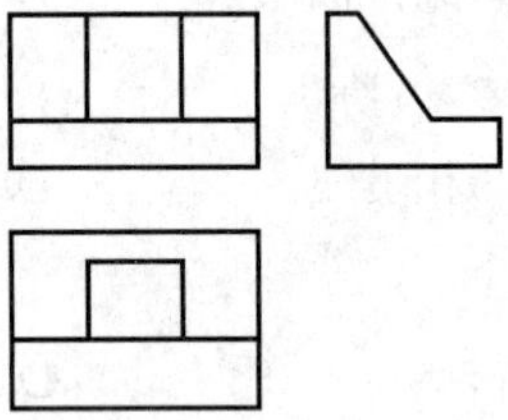

    A. 点击"文件"菜单中的"新建"命令

    B. 点击"文件"菜单中的"打开"命令

    C. 点击"文件"菜单中的"保存"命令

    D. 点击"文件"菜单中的"退出"命令

38. 使用 UG NX 纵向排列多个子窗口，正确的操作是（　　）。

    A. 点击"窗口"菜单中的"新建窗口"命令

B. 点击"窗口"菜单中的"层叠"命令

C. 点击"窗口"菜单中的"横向平铺"命令

D. 点击"窗口"菜单中的"纵向平铺"命令

39. UG NX 草图中的 ∥⊥ 图标表示的是（   ）命令。

    A. 绘图　　　　　　B. 编辑　　　　　　C. 约束　　　　　　D. 辅助

40. 装配图中当剖切平面纵剖螺栓、螺母、垫圈等（   ）时，按不剖绘制。

    A. 连接件及配合件　　　　　　　　　　B. 紧固件及标准件

    C. 紧固件及空心件　　　　　　　　　　D. 紧固件及实心件

41. 采用比例画法时，螺栓直径为 d，螺栓头厚度为 $0.7d$，螺纹长度为 $2d$，六角头画法同（   ）。

    A. 螺栓　　　　　　B. 螺柱　　　　　　C. 螺钉　　　　　　D. 螺母

42. 采用比例画法时，螺栓直径为 d，平垫圈外径为 $2.2d$，内径为 $1.1d$，厚度为（   ）。

    A. $0.05d$　　　　　B. $0.15d$　　　　　C. $0.25d$　　　　　D. $0.75d$

43. 画螺柱连接装配图时，螺柱（   ）的螺纹，必须画成全部旋入螺孔内的形式。

    A. 除了圆柱部分　　B. 露在机体外端　　C. 旋入螺母一端　　D. 旋入机体一端

44. 叉架类零件通常由工作部分、支承部分及连接部分组成，形状比较复杂且不规则，零件上常有（   ）等。

    A. 支架结构、肋板和孔、槽　　　　　　B. 叉形结构、肋板和孔、槽

    C. 复杂结构、底板和台、坑　　　　　　D. 叉形结构、筋板和台、坑

45. （   ）零件尺寸基准常选择安装基面、对称平面、孔的中心线和轴线。

    A. 轴套类　　　　　B. 盘盖类　　　　　C. 叉架类　　　　　D. 箱壳类

46. 箱壳类零件一般需要两个以上基本视图来表达，主视图按（   ）放置，投影方向按形状特征来选择。一般采用通过主要支承孔轴线的剖视图表达其内部结构形状，局部结构常用局部视图、局部剖视图、断面表达。

    A. 加工位置　　　　B. 工作位置　　　　C. 需要位置　　　　D. 任意位置

47. 零件图上，对非加工表面的铸造圆角应画出，其圆角尺寸可（   ）。

    A. 分散在技术要求中注出　　　　　　　B. 集中在技术要求中注出

    C. 分散在各个尺寸中注出　　　　　　　D. 集中在各个尺寸中注出

48. 对于零件上用钻头钻出的（   ），画图时锥角一律画成 $120°$。钻孔深度是指圆柱部分的深度，不包括锥坑。

    A. 平面或阶梯面　　　　　　　　　　　B. 光孔或安装孔

    C. 不通孔或阶梯孔　　　　　　　　　　D. 通孔或阶梯孔

49. 单线梯形螺纹的代号为："（   ）"；多线梯形螺纹的代号为："Tr 公称直径×导程（P 螺距）"。

    A. Tr 公称直径   B. Tr 公称直径×导程

    C. Tr×导程   D. Tr×旋向

50. 在（   ）轴测图中，其中 1 个轴间角取 $90°$。

    A. 正二等   B. 斜二等   C. 正等测   D. 正三测

51. 在斜二等轴测图中，坐标面与轴测投影面平行，凡与坐标面平行的平面上的圆，轴测投影仍为（   ）。

    A. 椭圆   B. 直线   C. 曲线   D. 圆

52. 在正等轴测图中，当 2 个轴的轴向变形系数相等时，所得到的（   ）称为正二等轴测图。

    A. 三视图   B. 投影图   C. 剖视图   D. 正等轴测图

53. 互相垂直的 3 根（   ）坐标轴在轴测投影面的投影称为轴测轴。

    A. 倾斜   B. 交叉   C. 相交   D. 直角

54. 在正等轴测图中，轴测轴的轴向变形系数是（   ）。

    A. $p=q$，$r=1$ B. $q=r$，$p=1$ C. $p=q=r$ D. $p>q>r$

55. 国家标准规定了常用的轴测图是（   ）。

    A. 正等测、正二测、正三测   B. 正等测、正二测、斜二测

    C. 正二测、正三测、斜二测   D. 正等测、正三测、斜二测

56. 椭圆的近似画法可以用（   ）。

    A. 平行弦法   B. 四心圆法   C. 同心圆法   D. 长短轴法

57. 看尺寸数字，要确认每个尺寸的（   ）。

    A. 数字大小   B. 起点   C. 方向   D. 角度

58. 要画出物体的三视图，可直接根据轴测图的（   ）画在相应视图上。

    A. 形状   B. 标注   C. 尺寸   D. 剖视断面

59. 绘制正等轴测图，一般不画（   ）。

    A. 椭圆   B. 相贯线   C. 截交线   D. 虚线

60. 基面法绘制棱柱体正等轴测图时，可先绘制其（   ），再画可见棱线，最后画底面。

    A. 顶面   B. 外形   C. 三视图   D. 侧面

61. 用叠加法绘制组合体的（   ），先用形体分析法将组合体分解成若干个基本体。

    A. 正等轴测图   B. 三视图   C. 剖视图   D. 主视图

62. 画切割体的正等轴测图，可先画其基本体的（　　）。

　　A. 主视图　　　　　　　　　　　B. 三视图

　　C. 正等轴测图　　　　　　　　　D. 透视图

63. 画轴测剖视图，不论物体是否对称，均假想用两个相互垂直的剖切平面将物体剖开，然后画出其（　　）。

　　A. 平面图　　　　　　　　　　　B. 三视图

　　C. 轴测剖视图　　　　　　　　　D. 轴测图

64. 画正等轴测剖视图，可先画（　　）完整的正等轴测图。

　　A. 图形　　　　B. 直角坐标系　　　C. 物体三视图　　　D. 物体

65. 画正六棱柱的正等轴测图，首先确定（　　）。

　　A. 顶面　　　　B. 底面　　　　　　C. 侧面　　　　　　D. 坐标轴

66. UG NX 中，建模基准不包括（　　）。

　　A. 基准坐标系　　B. 基准线　　　　C. 基准面　　　　　D. 基准轴

67. UG NX 中，（　　）不属于边倒圆。

　　A. 恒半径倒圆　　B. 变半径倒圆　　C. 陡峭边倒圆　　　D. 软倒圆

68. （　　）的作用是反映产品的装配关系。

　　A. 产品说明书　　B. 产品树　　　　C. 装配明细表　　　D. 技术要求

69. 产品树由根结点和（　　）结点构成。

　　A. 下级　　　　　B. 中间　　　　　C. 附属　　　　　　D. 次要

70. 图纸管理系统中，自动生成产品树的第一步是（　　）。

　　A. 建立零件目录集　　　　　　　　B. 建立产品路径集

　　C. 建立零件明细表　　　　　　　　D. 建立产品目录集

（二）判断题：共 30 分，每题 1 分（正确的打"√"，错误的打"×"。错答、漏答均不得分，也不反扣分）

71. 积极进取就是要把尽心尽力做好本职工作变成一种自觉行为，具有从事制图员工作的自豪感和荣誉感。　　　　　　　　　　　　　　　　　　　　　　　　　　（　　）

72. 尺寸界线应由图形的轮廓线、轴线或对称中心线处引出，不能利用轮廓线、轴线或对称中心线作尺寸界线。　　　　　　　　　　　　　　　　　　　　　　　　（　　）

73. 线性尺寸数字一般注在尺寸线的上方或中断处，同一张图样上尽可能采用一种数字书写方法。　　　　　　　　　　　　　　　　　　　　　　　　　　　　　　（　　）

74. 画图时，铅笔在前后方向应与纸面垂直，而且向画线前进方向倾斜约30°。（　　）

75. 圆规使用铅芯的硬度规格要比画直线的铅芯软一级。　　　　　　　　　（　　）

76. 计算机绘图的方法分为屏幕绘图和绘图机绘图两种。　　　　　　　　　（　　）

77. 工资一般包括计时工资、计件工资、奖金、津贴和补贴、延长工作时间的工资报酬及各种医疗费、保健费、工伤赔偿金等。　　　　　　　　　　　　　　（　　）

78. 求相贯线的基本方法是辅助素线法。　　　　　　　　　　　　　　　　（　　）

79. 组合体的组合形式分为相交和相贯两种。　　　　　　　　　　　　　　（　　）

80. 三视图中的一个线框，可以表示物体上两相交曲面的投影。　　　　　　（　　）

81. 读组合体视图时的基本方法是形体分析法。　　　　　　　　　　　　　（　　）

82. 六个基本视图的配置中仰视图在主视图的上方且长对正。　　　　　　　（　　）

83. 机件向平行于基本投影面投影所得的视图叫斜视图。　　　　　　　　　（　　）

84. 斜视图主要用来表达机件倾斜部分的实形。　　　　　　　　　　　　　（　　）

85. 剖视图中剖切面的种类分为全剖、半剖、局部剖三种。　　　　　　　　（　　）

86. UG NX 工程图，在新的空白图纸页中首先要添加的零件视图是基本视图。（　　）

87. 表面粗糙度代号中数字的方向必须与图中尺寸数字的方向一致。　　　　（　　）

88. 尺寸公差中的极限尺寸是指允许尺寸变动的两个极限值。　　　　　　　（　　）

89. 基本尺寸相同，相互结合的孔和轴公差带之间的关系称为配合。　　　　（　　）

90. 国家标准规定了公差带由标准公差和基本偏差两个要素组成。标准公差确定公差带位置，基本偏差确定公差带大小。　　　　　　　　　　　　　　　　（　　）

91. 正二等轴测图中，有 2 个轴的轴间角为 131°25′。　　　　　　　　　（　　）

92. 画物体的正二等轴测图中，一般采用简化变形系数。　　　　　　　　　（　　）

93. 圆锥台两侧轮廓线的延长线相交于一点。　　　　　　　　　　　　　　（　　）

94. 当两基本体表面相切或共面时，要画出它的切线。　　　　　　　　　　（　　）

95. 肋板与相邻部分用波浪线分开。　　　　　　　　　　　　　　　　　　（　　）

96. 画支架的正等轴测图一般采用叠加法。　　　　　　　　　　　　　　　（　　）

97. 投影图的 X 轴与轴测图的 Y 轴要对应才能绘制轴测图。　　　　　　　（　　）

98. 正等轴测图上的椭圆是用"四心法"绘制的。　　　　　　　　　　　　（　　）

99. UG NX 平行装配约束用于约束两个对象的方向矢量彼此平行。　　　　（　　）

100. 图纸管理系统中，统计操作对产品树中的图形信息进行操作。　　　　（　　）

三、中级操作技能模拟试卷（1）

试题 1. 草绘图形（10 分）

考核要求：

（1）准确按图样 1 尺寸绘图。

（2）删除多余的线条。

（3）将完成的图形以 Tasl. prt 存入考生自己的子目录。

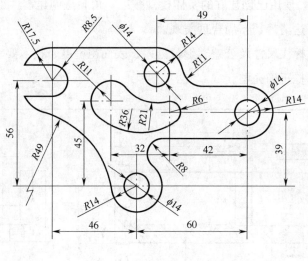

图样 1

试题 2. 创建三维模型（35 分）

考核要求：

（1）依据图样 2，按尺寸准确创建三维模型。

（2）将完成的图形以 Tas2. prt 存入考生自己的子目录。

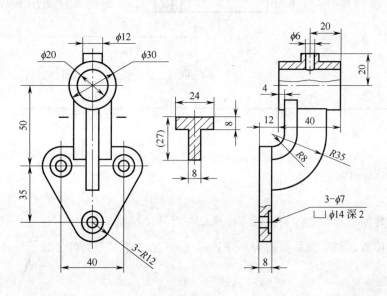

图样 2

试题 3. 生成零件工程图（30 分）

考核要求：

（1）按照图样 3，使用已创建好的实体模型按第一角画法创建零件工程图。

（2）零件结构表达清楚，布局合理美观。

（3）按照图样 3 标注尺寸及公差、形位公差、表面粗糙度、技术要求等。

（4）图框、标题栏正确完整。

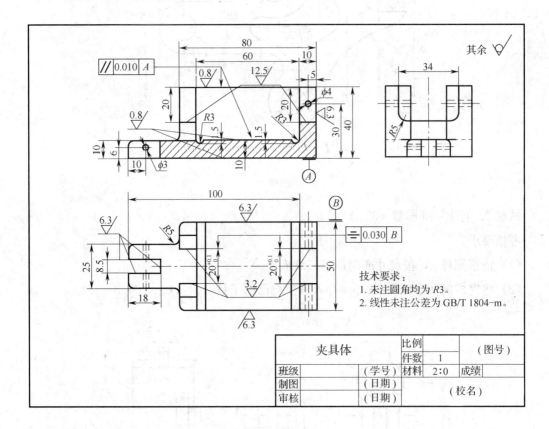

图样 3

试题 4. 产品装配（25 分）

考核要求：

（1）将"装配模型"文件夹内的零件模型按图样 4 进行装配。

（2）装配位置、装配关系要正确，并且以 Tas4. prt 存入考生自己的子目录。

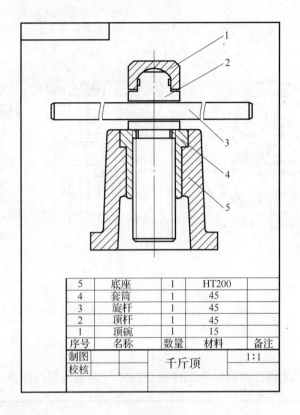

5	底座	1	HT200	
4	套筒	1	45	
3	旋杆	1	45	
2	顶杆	1	45	
1	顶碗	1	15	
序号	名称	数量	材料	备注
制图		千斤顶		1:1
校核				

图样 4

四、中级操作技能模拟试卷（2）

试题 1. 草绘图形（10 分）

考核要求：

（1）准确按图样 1 尺寸绘图。

（2）删除多余的线条。

（3）将完成的图形以 Tasl. prt 存入考生自己的子目录。

试题 2. 创建三维模型（35 分）

考核要求：

（1）依据图样 2，按尺寸准确创建三维模型。

（2）将完成的图形以 Tas2. prt 存入考生自己的子目录。

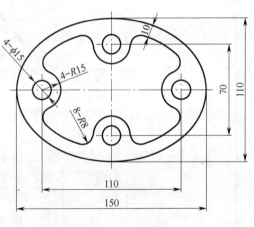

图样 1

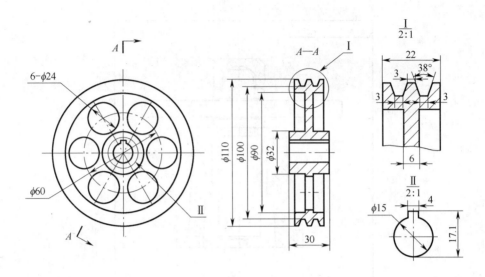

图样 2

试题 3. 生成零件工程图（30 分）

考核要求：

（1）按照图样 3，使用已创建好的实体模型按第一角画法创建零件工程图。

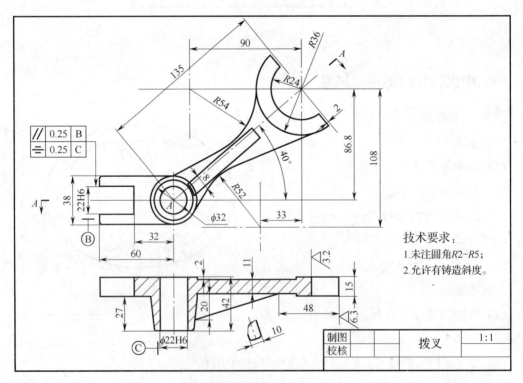

技术要求：

1. 未注圆角R2-R5；
2. 允许有铸造斜度。

图样 3

（2）零件结构表达清楚，布局合理美观。

（3）按照图样 3 标注尺寸及公差、形位公差、表面粗糙度、技术要求等。

（4）图框、标题栏正确完整。

试题 4. 产品装配（25 分）

考核要求：

（1）将"装配模型"文件夹内的零件模型按图样 4 进行装配。

（2）装配位置、装配关系要正确，并且以 Tas4. prt 存入考生自己的子目录。

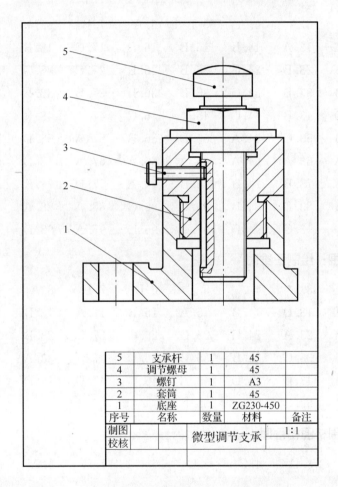

5	支承杆	1	45	
4	调节螺母	1	45	
3	螺钉	1	A3	
2	套筒	1	45	
1	底座	1	ZG230-450	
序号	名称	数量	材料	备注
制图		微型调节支承		1:1
校核				

图样 4

第五节　参 考 答 案

一、中级理论知识练习题：单项选择题参考答案

（一）鉴定范围：绘制二维图

1. A	2. C	3. A	4. A	5. B	6. A	7. B	8. B	9. A	10. D
11. C	12. A	13. A	14. B	15. B	16. D	17. C	18. B	19. D	20. C
21. B	22. B	23. B	24. C	25. B	26. B	27. C	28. C	29. C	30. B
31. A	32. B	33. B	34. C	35. B	36. B	37. B	38. B	39. B	40. A
41. D	42. D	43. B	44. C	45. A	46. C	47. A	48. B	49. A	50. A
51. A	52. B	53. C	54. A	55. D	56. B	57. A	58. D	59. A	60. A
61. A	62. A	63. A	64. A	65. A	66. A	67. A	68. D	69. C	70. A
71. A	72. B	73. B	74. B	75. B	76. A	77. D	78. B	79. B	80. C
81. C	82. B	83. D	84. B	85. C	86. C	87. A	88. A	89. C	90. B
91. C	92. D	93. C	94. D	95. A	96. D	97. A	98. D	99. D	

（二）鉴定范围：绘制三维图

1. A	2. A	3. D	4. A	5. C	6. D	7. D	8. A	9. C	10. C
11. B	12. A	13. D	14. B	15. A	16. B	17. A	18. B	19. A	20. C
21. D	22. A	23. A	24. C	25. C	26. C	27. C	28. B	29. C	30. A
31. A	32. C	33. C	34. B	35. B	36. D	37. C	38. A	39. D	40. B
41. D	42. A	43. D	44. D	45. A	46. C	47. D	48. D	49. C	50. A
51. B	52. B	53. C	54. B	55. B					

（三）鉴定范围：图档管理

1. B	2. C	3. D	4. C	5. C	6. C	7. B	8. A	9. D	10. D

二、中级理论知识练习题：判断题参考答案

（一）鉴定范围：绘制二维图

1. √	2. √	3. √	4. √	5. √	6. √	7. √	8. √	9. √	10. ×
11. √	12. √	13. √	14. √	15. √	16. √	17. √	18. ×	19. √	20. ×

21. √ 　22. √ 　23. √ 　24. × 　25. × 　26. √ 　27. × 　28. × 　29. √ 　30. ×
31. × 　32. √ 　33. √ 　34. √ 　35. × 　36. × 　37. √ 　38. × 　39. √ 　40. ×
41. √ 　42. × 　43. × 　44. √ 　45. √ 　46. √ 　47. √ 　48. × 　49. √ 　50. √
51. × 　52. √ 　53. √ 　54. √ 　55. √ 　56. √ 　57. × 　58. √ 　59. √ 　60. √
61. × 　62. √ 　63. √ 　64. × 　65. √ 　66. √ 　67. √ 　68. √ 　69. √ 　70. ×
71. √ 　72. √ 　73. × 　74. √ 　75. √ 　76. √ 　77. × 　78. × 　79. √ 　80. √
81. √ 　82. × 　83. × 　84. √ 　85. × 　86. √ 　87. √ 　88. √ 　89. √ 　90. √
91. ×

（二）鉴定范围：绘制三维图

1. √ 　2. √ 　3. × 　4. × 　5. × 　6. × 　7. × 　8. √ 　9. √ 　10. √
11. √ 　12. × 　13. √ 　14. √ 　15. √ 　16. × 　17. √ 　18. × 　19. √ 　20. ×
21. √ 　22. √ 　23. √ 　24. × 　25. √ 　26. × 　27. √ 　28. √ 　29. × 　30. ×
31. × 　32. √ 　33. √ 　34. √ 　35. × 　36. × 　37. √ 　38. √ 　39. √ 　40. ×
41. × 　42. × 　43. × 　44. √ 　45. √ 　46. × 　47. √ 　48. × 　49. × 　50. √
51. √ 　52. × 　53. √ 　54. √ 　55. √

（三）鉴定范围：图档管理

1. √ 　2. √ 　3. √ 　4. × 　5. √ 　6. √ 　7. × 　8. × 　9. √ 　10. ×

三、模拟试卷参考答案

（一）中级理论知识模拟试卷（1）参考答案

1. C 　2. C 　3. C 　4. A 　5. B 　6. C 　7. A 　8. A 　9. A 　10. D
11. D 　12. A 　13. D 　14. C 　15. D 　16. C 　17. C 　18. B 　19. B 　20. B
21. B 　22. B 　23. B 　24. C 　25. A 　26. A 　27. D 　28. B 　29. A 　30. B
31. B 　32. B 　33. B 　34. B 　35. A 　36. A 　37. A 　38. B 　39. A 　40. A
41. A 　42. C 　43. C 　44. B 　45. B 　46. A 　47. B 　48. B 　49. A 　50. A
51. B 　52. C 　53. B 　54. D 　55. A 　56. A 　57. B 　58. C 　59. C 　60. C
61. C 　62. C 　63. C 　64. D 　65. B 　66. A 　67. A 　68. B 　69. B 　70. A
71. √ 　72. √ 　73. √ 　74. × 　75. × 　76. × 　77. √ 　78. × 　79. √ 　80. √
81. √ 　82. × 　83. √ 　84. √ 　85. × 　86. √ 　87. √ 　88. √ 　89. √ 　90. ×
91. × 　92. √ 　93. √ 　94. √ 　95. × 　96. √ 　97. √ 　98. × 　99. × 　100. √

（二）中级理论知识模拟试卷（2）参考答案

1. A 　2. D 　3. B 　4. C 　5. B 　6. B 　7. A 　8. D 　9. B 　10. C

11. A	12. B	13. B	14. D	15. A	16. A	17. D	18. B	19. A	20. B
21. B	22. B	23. B	24. C	25. C	26. B	27. A	28. C	29. D	30. C
31. D	32. A	33. B	34. B	35. C	36. A	37. A	38. D	39. C	40. D
41. D	42. B	43. D	44. B	45. C	46. A	47. B	48. C	49. A	50. B
51. D	52. D	53. D	54. C	55. B	56. B	57. B	58. C	59. D	60. A
61. A	62. C	63. C	64. D	65. D	66. B	67. D	68. B	69. A	70. B
71. ×	72. ×	73. √	74. √	75. √	76. ×	77. ×	78. ×	79. ×	80. ×
81. ×	82. √	83. ×	84. √	85. ×	86. √	87. √	88. √	89. √	90. ×
91. √	92. √	93. √	94. ×	95. ×	96. √	97. ×	98. √	99. √	100. ×

第四章　高级制图员（UG）

第一节　学　习　要　点

一、高级制图员（UG）的工作要求

高级制图员（UG）工作项目主要有绘制二维图、绘制三维图、图档管理等，其工作内容、技能要求和相关知识，见表4—1。

表4—1　　　　　　　　　　高级制图员（UG）的工作要求

职业功能	工作内容	技能要求	相关知识
一、绘制二维图	（一）手工绘图	1. 能绘制各种标准件和常用件 2. 能绘制和阅读不少于15个零件的装配图	1. 变换投影面的知识 2. 绘制两回转体轴线垂直交叉相贯线的知识
	（二）手工绘制草图	能绘制箱体类零件草图	1. 测量工具的使用知识 2. 绘制专业示意图的知识
	（三）计算机绘图	1. 能根据零件图绘制装配图 2. 能根据装配图绘制零件图	1. 图块制作和调用的知识 2. 图库的使用知识 3. 属性修改的知识
二、绘制三维图	手工绘制轴测图	1. 能绘制轴测图 2. 能绘制轴测剖视图	1. 手工绘制轴测图的知识 2. 手工绘制轴测剖视图的知识
三、图档管理	图纸归档管理	能对成套图纸进行分类、编号	专业图档的管理知识

注：参照《制图员国家职业技能标准》

二、高级制图员（UG）理论知识鉴定要素细目表（见表4—2）

表 4—2　　　　　　　　　　高级制图员（UG）理论知识鉴定要素细目表

鉴定范围									鉴定点		
一级			二级			三级					
代码	名称	鉴定比重	代码	名称	鉴定比重	代码	名称	鉴定比重	代码	名称	重要程度
A	基本要求	20	A	职业道德	5	A	职业道德	3	001	道德的含义	X
									002	职业道德的概念	X
									003	职业道德与社会道德体系的关系	X
									004	职业道德的调节作用	Y
									005	职业道德对道德形成的作用	Y
									006	制图员的职业道德	X
						B	职业守则	2	001	热爱祖国，热爱社会主义	X
									002	忠于职守，爱岗敬业的含义	X
									003	讲究质量，注重信誉的含义	X
									004	积极进取，团结协作的含义	X
									005	遵纪守法，讲究公德的含义	X
			B	基础知识	15	A	制图的基本知识	7	001	图纸幅面	X
									002	字体	X
									003	图线宽度	X
									004	基本线型	X
									005	图线相交规定	X
									006	尺寸标注基本规则	X
									007	尺寸线终端形式	X
									008	圆弧标注半径尺寸基本规定	X
									009	球面标注尺寸基本规定	X
									010	角度尺寸标注基本规定	X
									011	铅芯硬度	Y
									012	铅芯削磨形状	Y
									013	丁字尺	X
									014	圆规使用铅芯的硬度规格	Y
									015	用圆规画大圆方法	Y

鉴定范围								鉴定点		
一级			二级			三级				
代码	名称	鉴定比重	代码	名称	鉴定比重	代码	名称	鉴定比重	代码	名称	重要程度
A	基本要求	20	B	基础知识	15	B	投影与投影法	3	001	投影法分类	X
									002	中心投影法的概念	X
									003	平行投影法的概念	X
									004	正投影的概念	X
									005	斜投影的概念	X
									006	轴测投影的概念	X
									007	透视投影的概念	Y
						C	计算机绘图的基本知识	2	001	微型计算机绘图系统的硬件构成	Y
									002	计算机绘图使用的绘图软件	Y
									003	计算机绘图系统的硬件	Y
									004	计算机绘图的方法	Y
									005	打印机的类型	Y
						D	专业图样的基本知识	2	001	零件图的内容	X
									002	零件的分类	Y
									003	装配图的内容	X
									004	装配图的概念	X
						E	相关法律法规知识	1	001	劳动者解除劳动合同的规定	Y
									002	用人单位解除劳动合同的规定	Y
B	相关知识	80	A	绘制二维图	58	A	手工绘制二维图	30	001	点在投影面体系中的投影	X
									002	点的投影与其坐标的关系	X
									003	两点的相对位置	X
									004	直线与投影面的相对位置	X
									005	直线上的点	X
									006	一般位置直线	X
									007	投影面平行线	X
									008	投影面垂直线	X
									009	平面相对投影面的位置	X
									010	一般位置平面	X

续表

鉴定范围									鉴定点		
一级			二级			三级					
代码	名称	鉴定比重	代码	名称	鉴定比重	代码	名称	鉴定比重	代码	名称	重要程度
									011	投影面平行面	X
									012	投影面垂直面	X
									013	换面法基本概念	X
									014	点的投影变换规律	X
									015	求一般位置直线与 V 面倾角时新坐标轴的方位	X
									016	求一般位置直线对 V 面倾角时新投影轴的方位	X
									017	求一般位置直线对 H 面的倾角时新投影轴的方位	X
									018	一般位置平面对 V 投影面的倾角	X
									019	一般位置平面对 H 投影面的倾角	X
									020	一般位置平面二次变换	X
									021	圆柱被截平面截割时截交线的形状	X
B	相关知识	80	A	绘制二维图	58	A	手工绘制二维图	30	022	圆锥被截平面截割时截交线的形状	X
									023	截平面与两个同轴阶梯圆柱轴线平行相交时截交线形状	X
									024	圆柱与圆锥同轴的组合体与平行于轴线的平面相交时截交线的形状	X
									025	圆柱与圆球同轴相切组合体与平行于圆柱轴线的平面相交时截交线形状	X
									026	平面与球相交的截交线	X
									027	两圆柱相交的相贯线	X
									028	圆柱与圆锥的相贯线	X
									029	圆锥与圆球的相贯线	X
									030	圆锥与棱柱的相贯线	X
									031	相贯线上的特殊点	X
									032	两圆孔轴线正交的相贯线	X
									033	圆孔与圆球的相贯线	X
									034	圆柱与圆锥轴线正交的相贯线	X

鉴定范围									鉴定点		
一级			二级			三级			代码	名称	重要程度
代码	名称	鉴定比重	代码	名称	鉴定比重	代码	名称	鉴定比重			
B	相关知识	80	A	绘制二维图	58	A	手工绘制二维图	30	035	两个基本体的表面共面或相切时连接处的分界线	X
									036	两形体的表面相交时连接处的分界线	X
									037	组合体基本形体之间各表面之间的连接关系	X
									038	阅读组合体视图的基本方法分类	Y
									039	阅读组合体视图的一般方法	Y
									040	尺寸标注的设计与工艺要求	X
									041	尺寸标注基准的确定	X
									042	尺寸标注的基本规范	X
									043	尺寸标注在视图上的布局	X
									044	选择一组视图表达组合体的基本要求	X
									045	根据机件的轴测图画视图的步骤	X
									046	表达机件外部结构形状的视图种类	X
									047	向视图的概念	X
									048	向视图的配置形式	X
									049	局部视图的概念	X
									050	局部视图的配置形式	X
									051	斜视图的概念	X
									052	斜视图的配置形式	X
									053	斜视图的视图名称表示	X
									054	斜剖视图的概念	X
									055	斜剖视图的配置形式	X
									056	半剖视图的绘制要求	X
									057	局部剖视图的绘制要求	X
									058	旋转剖视图的绘制要求	X
									059	多个平行剖切平面剖切机件的剖视图	X
									060	移出断面图	X
									061	机件上的肋、轮辐、薄壁等的剖视图	X
									062	机件回转体上均匀分布的肋、轮辐、孔等结构的剖切	X

续表

鉴定范围									鉴定点		
一级			二级			三级					
代码	名称	鉴定比重	代码	名称	鉴定比重	代码	名称	鉴定比重	代码	名称	重要程度
									063	已知基本体、切割体轴测图，补画三视图	X
									064	已知基本体、切割体三视图，画轴测图	X
									065	已知组合体轴测图，补画三视图	X
						A	手工绘制二维图	30	066	补画组合体截交线	X
									067	补画组合体相贯线	X
									068	已知组合体两个视图，补画第三个视图	X
									069	补画断面图	X
									001	徒手绘图的基本概念	X
									002	徒手绘图的应用场合	Y
									003	徒手绘图的基本要求	X
									004	徒手绘图中的线条绘制要求	X
									005	初学徒手绘图的方法	X
									006	徒手绘图所使用的铅芯	Y
B	相关知识	80	A	绘制二维图	58				007	徒手绘图时手指握铅笔的姿势	Y
									008	徒手画直线方法	X
									009	徒手画长斜线方法	X
									010	徒手画圆方法	X
						B	手工绘制草图	10	011	徒手画大直径圆方法	X
									012	徒手画圆角方法	X
									013	外接矩形徒手画椭圆方法	X
									014	外切四边形徒手画椭圆方法	X
									015	较小物体目测比例方法	X
									016	较大物体目测比例方法	X
									017	徒手绘制平面图形方法	X
									018	徒手绘制基本体方法	X
									019	徒手绘制组合体方法	X
									020	徒手绘制切割体或带有缺口、打孔的组合体的方法	X

续表

鉴定范围								鉴定点	
一级			二级			三级			
代码	名称	鉴定比重	代码	名称	鉴定比重	代码	名称	鉴定比重	代码	名称	重要程度

代码	名称	鉴定比重	代码	名称	鉴定比重	代码	名称	鉴定比重	代码	名称	重要程度
B	相关知识	80	A	绘制二维图	58	C	计算机绘制二维图	3	001	计算机绘图软件用户界面的组成部分	Y
									002	使用计算机绘图时发出命令的途径	Y
									003	基本鼠标操作	Y
									004	文件操作	X
									005	重作及撤销命令操作	Y
									006	窗口菜单命令操作	Y
									007	草图	X
									008	草图约束	X
									009	工程图	X
						D	机械工程图	15	001	装配图中两相邻表面间隙的画法	X
									002	装配图中零件剖面线的画法	X
									003	装配图中实心件剖面线的绘制规定	X
									004	装配图中紧固件剖面线的绘制规定	X
									005	装配图的拆卸画法	X
									006	装配图的假想画法	X
									007	装配图的展开画法	X
									008	装配图中相同的零、部件组的简化画法	X
									009	装配图中零件细节的简化画法	X
									010	装配图中标准产品部件的不剖绘制简化画法	X
									011	装配图的夸大画法	X
									012	装配图的尺寸标注	X
									013	装配图的序号	X
									014	装配图的明细栏	X
									015	画装配图的步骤	X
									016	阅读装配图的步骤	X
									017	常见的齿轮传动形式	X
									018	标准直齿圆柱齿轮的分度圆直径计算公式	X
									019	标准直齿圆柱齿轮的齿顶圆直径计算公式	X

鉴定范围									鉴定点		
一级			二级			三级					
代码	名称	鉴定比重	代码	名称	鉴定比重	代码	名称	鉴定比重	代码	名称	重要程度
B	相关知识	80	A	绘制二维图	58	D	机械工程图	15	020	标准直齿圆柱齿轮的齿根圆直径计算公式	X
									021	圆柱齿轮的齿顶圆和齿顶线的规定画法	X
									022	圆柱齿轮的分度圆和分度线的规定画法	X
									023	圆柱齿轮啮合的规定画法	X
									024	键的概念	X
									025	常用的销的种类	X
									026	常用的弹簧的种类	X
									027	形位公差代号的标注	X
									028	圆度形状公差的符号画法	X
									029	垂直度位置公差的符号画法	X
									030	形位公差的框格画法	X
									031	形位公差中基准符号	X
			B	绘制三维图	17	A	手工绘制轴测图	14	001	正轴测投影	X
									002	正等轴测投影	X
									003	正等轴测投影中投影的类似性	X
									004	正等轴测投影的轴向伸缩系数	X
									005	正等轴测图的轴向简化系数	X
									006	椭圆的四心圆法画法	X
									007	椭圆的长短轴	X
									008	圆柱的正等轴测画法	X
									009	正等轴测投影中三个轴的轴间角	X
									010	轴测图上标注尺寸规定	X
									011	轴测剖视图画法	X
									012	组合体的正等轴测图的画法	X
									013	切割体的正等轴测图的画法	X
									014	轴测剖视图的概念	X
									015	常用的画轴测剖视图的方法	X
									016	先画外形再作剖视画轴测剖视图的方法	X
									017	先画断面形状再画投影画轴测剖视图的方法	X

鉴定范围									鉴定点		
一级			二级			三级					
代码	名称	鉴定比重	代码	名称	鉴定比重	代码	名称	鉴定比重	代码	名称	重要程度
B	相关知识	80	B	绘制三维图	17	A	手工绘制轴测图	14	018	轴测剖视图断面剖面线的画法	X
									019	轴测剖视图肋板剖面线的画法	X
									020	正等轴测图中带有圆角的底板的画法	X
									021	轴测装配图的用途	X
									022	轴测装配图的种类	X
									023	画轴测装配图的过程	X
									024	分解式轴测装配图画法	X
									025	整体轴测装配图画法	X
									026	整体与分解相结合轴测装配图画法	X
									027	轴测装配剖视图	X
									028	轴测装配剖视图的画法	X
									029	画轴测装配图首先确定的基准	X
									030	画轴测装配图应首先掌握的方法	Y
						B	计算机绘制三维图	3	001	曲线操作	X
									002	实体建模	X
									003	特征建模	X
									004	特征操作	X
									005	曲面操作	X
									006	装配特征	X
				C	图档管理	5	A	图档归档管理	5	001	产品的定义	X
									002	零件的定义	X
									003	通用件的定义	X
									004	图样的定义	X
									005	图样的分类	Y
									006	图样编号的一般要求	Y
									007	图样和文件编号的种类	Y
									008	分类编号	Y
									009	隶属编号	Y
									010	图样和文件编号与企业计算机辅助管理分类编号的关系	Y

三、高级制图员（UG）操作技能鉴定要素细目表（见表4—3）

表4—3   高级制图员（UG）操作技能鉴定要素细目表

鉴定范围							代码	鉴定点	重要程度
代码	一级	鉴定比重	代码	二级	鉴定比重	选择方式			
A	专业技能	100	A	草绘图形	10	必考	001	草图功能的使用	Y
							002	创建草图平面与草图对象	X
							003	草图约束	X
							004	约束管理	X
							005	草图管理	Y
			B	三维建模	25	必考	001	构建基准特征	X
							002	基本体素特征	X
							003	加工特征	X
							004	扫描特征	X
							005	特征详细设计	X
							006	编辑特征参数	Y
			C	工程图	25	必考	001	工程图参数的设置	Y
							002	图纸操作功能	X
							003	视图操作功能	X
							004	剖视图的应用	X
							005	工程图标注功能	X
			D	装配操作	20	必考	001	装配导航器	Y
							002	装配组件操作	X
							003	装配爆炸图	X
							004	装配的其他功能	Y
			E	曲面造型	20	必考	001	基本曲线	Y
							002	复杂曲线	X
							003	曲面创建	X
							004	曲面操作与编辑	X

第二节 高级理论知识练习题

一、单项选择题（请从备选项中选取一个正确答案填写在括号中，错选、漏选、多选均不得分，也不反扣分）

（一）鉴定范围：绘制二维图

1. 点的 V 面投影和 H 面投影的连线垂直于（　　）。

    A. OX B. OY C. 原点 O D. OZ

2. 点 A 到（　　）的距离为 Y 坐标。

    A. 正面   B. 水平面   C. 侧面   D. 后面

3. B 点和 A 点的（　　）面投影重合，称为 W 面的重影点。

    A. H B. V C. B D. W

4. 平行于 H 面的直线称（　　）。

    A. 水平线   B. 铅垂线   C. 正垂线   D. 侧垂线

5. 点分割线段之比的比例关系（　　）的性质称为定比性。

    A. 不定   B. 确定   C. 不变   D. 未定

6. 一般位置直线，3 面投影均不反映对投影面（　　）的真实大小。

    A. 倾角   B. 距离   C. δ D. θ

7. 水平线 AB 的投影（　　）平行于 OX。

    A. AB B. ab C. ab' D. $a''b''$

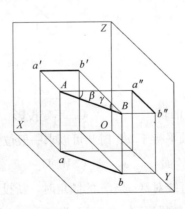

8. 侧垂线 AB 的投影 ab 垂直于（　　）。

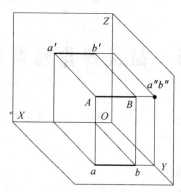

    A. *OX*   B. *AB*   C. *OY*   D. *ab'*

9. 若空间平面对 3 个投影面既不平行也不垂直，则该平面称为（   ）。

    A. 一般位置平面   B. 水平面   C. 正平面   D. 侧平面

10. 一般位置平面，（   ）面投影不反映实形。

    A. 1   B. 2   C. 3   D. 4

11. 正平面在 *V* 面上的投影反映为（   ）。

    A. 实形   B. 水平线   C. 类似形   D. 铅垂线

12. 正垂面在 *V* 面投影为（   ）。

    A. 直线   B. 实形   C. 类似形   D. 曲线

13. 换面法中，新投影面的设立必须与原来某一投影面（   ）。

    A. 倾斜   B. 垂直   C. 相交   D. 交叉

14. 换面法中，点的新投影到新轴的距离等于点的旧投影到（   ）的距离。

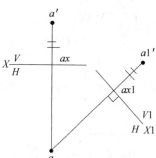

    A. 新轴   B. 旧轴   C. 不变投影   D. 新投影

15. 换面法中，当新坐标轴平行于 *a'b'* 时，可以求一般位置直线对（   ）的倾角。

    A. *H* 面   B. *V* 面   C. *W* 面   D. 新投影面

16. 换面法中求一般位置直线对（   ）的倾角时，新投影轴平行于直线的正面投影。

    A. *W* 面   B. 新投影面   C. *H* 面   D. *V* 面

17. 换面法中当新投影轴平行于直线的水平投影时，是求一般位置直线对（   ）的倾角。

  A. W 面   B. 新投影面   C. V 面   D. H 面

18. 求一般位置面对 V 投影面的倾角时，新投影轴必须（   ）于平面内的一条正平线。

  A. 垂直   B. 平行   C. 倾斜   D. 相交

19. 求一般位置平面对 H 投影面的倾角时，新投影轴（   ）于该平面内的一条水平线。

  A. 倾斜   B. 相交   C. 平行   D. 垂直

20. 求一般位置平面实形的变换规律是：一次变换为投影面的（   ），二次变换为投影面的平行面。

  A. 倾斜面   B. 相交面   C. 垂直面   D. 平行面

21. 圆柱截割，截平面与圆柱轴线（   ）时，截交线的形状为椭圆。

  A. 平行   B. 垂直   C. 交叉   D. 倾斜

22. 截平面与（   ）的所有素线相交时，截交线的形状为椭圆。

  A. 棱柱   B. 棱锥   C. 球面   D. 圆锥

23. 截平面与两个同轴阶梯圆柱轴线平行相交时，截交线的形状为（   ）。

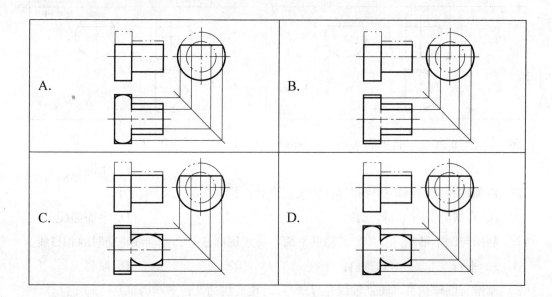

24. 一平面与同轴的圆柱、圆锥组合体轴线平行相交时，截交线画图正确的是（   ）。

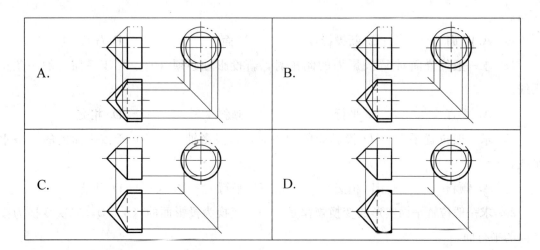

25. 一平面与同轴相切组合的圆柱、圆球相交且平面平行于圆柱轴线时，截交线的形状为（　　）。

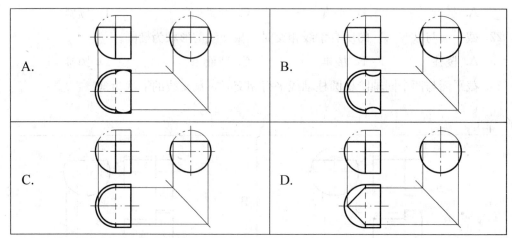

26. 平面与球相交，且平面平行于 V 面时，截交线的正面投影为（　　）。

　　A. 直线　　　　　　　B. 圆　　　　　　　C. 椭圆　　　　　　　D. 半圆

27. 两圆柱相交，当其直径相等且轴线正交时，相贯线的几何形状为（　　）。

　　A. 直线　　　　　　　B. 圆弧　　　　　　C. 空间曲线　　　　　D. 平面曲线

28. 利用与圆锥轴线（　　）的辅助平面，可求解圆柱与圆锥轴线正交时的相贯线。

　　A. 平行　　　　　　　B. 垂直　　　　　　C. 相交　　　　　　　D. 倾斜

29. 圆锥与圆球相贯（圆锥轴线通过球心），相贯线的几何形状为（　　）。

　　A. 双曲线　　　　　　B. 直线　　　　　　C. 圆　　　　　　　　D. 椭圆

30. 圆锥与棱柱相贯（同轴）时，每一个棱面与圆锥的相贯线均为（　　）。

　　A. 椭圆曲线　　　　　B. 抛物线　　　　　C. 圆曲线　　　　　　D. 双曲线

31. 相贯线上的特殊点是指（　　）。

    A. 最上、最下点　　　　　　　　　　B. 最前、最后点

    C. 一般位置线　　　　　　　　　　　D. 极限范围点或转向线上点

32. 直径不相等且轴线正交的两圆孔相贯，其相贯线应向（　　）方向弯曲。

    A. 直径小的转向线　　　　　　　　　B. 直径大的转向线

    C. 直径小的轴线　　　　　　　　　　D. 直径大的轴线

33. 当孔的轴线通过球心且垂直于 W 面贯通于球时，相贯线的侧面投影为（　　）。

    A. 双曲线　　　　　B. 直线　　　　　　C. 椭圆　　　　　　D. 圆

34. 圆柱与圆锥轴线正交相贯，一般情况下相贯线为空间曲线。该曲线应弯向（　　）。

    A. 大直径的端面　　B. 小直径的端面　　C. 大直径的轴线　　D. 小直径的轴线

35. 两个基本体的表面（　　）时，没有分界线。

    A. 不共面　　　　　B. 相切　　　　　　C. 相交　　　　　　D. 不相交

36. 两个基本体的表面（　　），交线为两形体表面的分界线。

    A. 共面　　　　　　B. 内切　　　　　　C. 相交　　　　　　D. 外切

37. 组合体基本形体之间的相对位置，平面与平面的连接关系为（　　）。

    A. 不共面　　　　　B. 内切　　　　　　C. 外切　　　　　　D. 相贴

38. 形体分析法和（　　）是看组合体视图的基本方法。

    A. 组合分析法　　　B. 切割分析法　　　C. 线面分析法　　　D. 基本分析法

39. 看（　　）视图时，一般是用形体分析法即可看懂，遇到疑难问题时再用线面分析法分析线面的性质和形成过程，从而将视图全部看懂。

    A. 基本体　　　　　B. 组合体　　　　　C. 切割体　　　　　D. 圆柱体

40. 尺寸（　　）是指标注的尺寸能满足设计要求，又便于加工和测量。

    A. 正确　　　　　　B. 合理　　　　　　C. 齐全　　　　　　D. 清晰

41. 线基准一般选择轴和孔的（　　）。

    A. 截交线　　　　　B. 素线　　　　　　C. 相贯线　　　　　D. 轴线

42. 要使尺寸标注（　　），必须在形体分析的基础上根据已确定的尺寸基准，先标注定位尺寸和定形尺寸，再标注总体尺寸。

    A. 正确　　　　　　B. 齐全　　　　　　C. 清晰　　　　　　D. 合理

43. 尺寸（　　）是指尺寸的布局要醒目，便于看图。

    A. 正确　　　　　　B. 齐全　　　　　　C. 清晰　　　　　　D. 合理

44. 选择一组视图表达组合体的基本要求是既（　　），又看图方便。

    A. 要画剖视图　　　B. 有视图数量　　　C. 要制图简便　　　D. 要画俯视图

45. 根据机件的轴测图画视图的步骤是：形体分析、选择视图、（   ）、画视图底稿。

    A. 定比例、选图幅　　　　　　　　B. 画定位线

    C. 画轮廓线　　　　　　　　　　　D. 画剖视图

46. 制图标准规定，表达机件外部结构形状的视图有：基本视图、向视图、局部视图和（   ）。

    A. 断面图　　　　B. 剖视图　　　　C. 斜视图　　　　D. 三视图

47. 向视图是一种（   ）配置的基本视图。

    A. 在规定位置　　B. 移位　　　C. 在右视图的左边　　D. 在左视图的右边

48. 为了便于看图，应在向视图的上方用大写拉丁字母标出向视图的名称，并在相应的视图附近用箭头指明（   ），注上相同的字母。

    A. 向视图的移动方向　　　　　　　B. 投影方向

    C. 向视图的旋转方向　　　　　　　D. 投影面的旋转方向

49. 将机件的某一部分向（   ）投影面投影所得的视图，称为局部视图。

    A. 斜　　　　　　B. 正　　　　　C. 水平　　　　　D. 基本

50. 局部视图最好画在有关视图的附近，并按基本视图配置的形式配置。必要时，也可以画在其他（   ）的位置。

    A. 与视图无关　　B. 空白　　　　C. 无投影关系　　　D. 适当

51. 机件向不平行于（   ）投影面的平面投射所得的视图称斜视图。

    A. 基本　　　　　B. 正　　　　　C. 水平　　　　　D. 侧

52. 斜视图一般按投影关系配置，必要时，允许将斜视图（   ）配置。

    A. 平行　　　　　B. 旋转　　　　C. 垂直　　　　　D. 倾斜

53. 按制图标准规定，表示斜视图名称的字母应为（   ）。

    A. 大写欧拉字母　B. 大写拼音字母　C. 大写英语字母　　D. 大写拉丁字母

54. 用不平行于任何（   ）投影面的剖切平面剖开机件的方法称为斜剖视图。

    A. 倾斜　　　　　B. 辅助　　　　C. 平行　　　　　D. 基本

55. 画斜剖视图时，最好配置在箭头所指的（   ），并符合投影关系。

    A. 方向　　　　　B. 附近　　　　C. 反方向　　　　D. 上方

56. 画半剖视图时，半个剖视图和半个视图必须用（   ）线分界，而不能画成粗实线。

    A. 粗点画　　　　B. 细点画　　　C. 细实　　　　　D. 虚

57. 局部剖视图（   ）标注。

    A. 一般要　　　　B. 不允许　　　C. 必须　　　　　D. 一般不

58. 用两个相交的剖切平面假想将机件剖开，画剖视图时，对未剖切部分仍按（　　）投影。

　　　　A. 原位置　　　　　B. 旋转后　　　　　C. 不剖　　　　　　D. 剖开后

59. 用几个平行的剖切平面剖切机件画剖视图时，（　　）出现不完整的结构要素。

　　　　A. 可以　　　　　　B. 不应　　　　　　C. 允许　　　　　　D. 必须

60. 画移出断面图时，当剖切平面通过回转面形成的孔或凹坑的（　　）时，这些结构应按剖视图绘制。

　　　　A. 转向线　　　　　B. 点画线　　　　　C. 轴线　　　　　　D. 轮廓线

61. 在（　　）中，机件上的肋、轮辐、薄壁等，如按纵向剖切，这些结构都不画剖面符号，而用粗实线将它们与其邻接部分分开。

　　　　A. 断面图　　　　　B. 斜视图　　　　　C. 基本视图　　　　D. 剖视图

62. 当机件（　　）上均匀分布的肋、轮辐、孔等结构不处于剖切平面时，可将这些结构旋转到剖切平面上画出。

　　　　A. 圆柱体　　　　　B. 平面体　　　　　C. 圆锥体　　　　　D. 回转体

63. 不使用量具和仪器，徒手目测绘制图样称为（　　）。

　　　　A. 手工练习　　　　B. 微机绘图　　　　C. 临摹图样　　　　D. 徒手绘图

64. 徒手绘图常用于设计初始反复比较方案、（　　）、参观学习或交流讨论等场合。

　　　　A. 绘制清图　　　　B. 讨论尺寸　　　　C. 现场采访　　　　D. 现场测绘

65. 徒手绘图的基本要求是画图速度要快、（　　）、图面质量要好。

　　　　A. 测量尺寸要准　　B. 测量尺寸要快　　C. 目测比例要快　　D. 目测比例要准

66. 徒手绘图中的线条要粗细分明、基本平直、（　　）。

　　　　A. 规格正确　　　　B. 符合标准　　　　C. 方向正确　　　　D. 曲直分清

67. 初学徒手绘图时，应在（　　）上进行，以便训练图线画的平直和借助方格线确定图形的比例。

　　　　A. 绘图纸　　　　　B. 方格纸　　　　　C. 横线纸　　　　　D. 竖线纸

68. 徒手绘图所使用的圆锥形铅芯画中心线和尺寸线时，应磨得（　　），画可见轮廓线时应磨得较钝。

　　　　A. 较粗　　　　　　B. 较短　　　　　　C. 较尖　　　　　　D. 较钝

69. 徒手绘图时，手指应握在距铅笔笔尖约（　　）mm 处，手腕和小手指对纸面的压力不要太大。

　　　　A. 15　　　　　　　B. 25　　　　　　　C. 35　　　　　　　D. 45

70. 徒手画直线时，先定出直线的两个端点，眼睛看着直线的（　　）画线。

A. 中点　　　　　B. 起点　　　　　C. 终点　　　　　D. 两个端点

71. 徒手画长斜线时，为了运笔方便，可将图纸旋转到适当角度，使它转成（　　）位置来画。

A. 各种方向　　　B. 倾斜方向　　　C. 水平方向　　　D. 竖直方向

72. 徒手画直径较大圆时，先画出中心线，在中心线上用半径长度量出四点，再过圆心增画两条 45°的斜线，在线上再定 4 个点，然后（　　）画圆。

A. 过这 4 个点　　B. 过这 8 个点　　C. 用圆规　　　　D. 用直尺

73. 徒手画直径很大圆时，可取（　　）标出半径长度，利用它从圆心出发定出许多圆周上的点，然后通过这些点画圆。

A. 一直尺　　　　B. 一纸片　　　　C. 一圆规　　　　D. 一分规

74. 徒手画圆角时，先用目测在直角边的（　　）上选取圆心位置，使它与角的两边的距离等于圆角的半径大小，过圆心向两边引垂直线定出圆弧的起止点，并在分角线上也定出一个圆周点，然后把这 3 个点连成圆弧即可。

A. 中点线　　　　B. 分角线　　　　C. 平行线　　　　D. 垂直线

75. 徒手画椭圆时，先画出（　　），并用目测的方法定出其 4 个端点的位置，再过这 4 个端点画一矩形，然后徒手作椭圆与此矩形相切。

A. 椭圆的长短轴　B. 矩形的长短边　C. 圆形的长半径　D. 平行四边形

76. 徒手画椭圆时，可先画出椭圆的（　　），然后分别用徒手方法作两钝角及两锐角的内切弧，即得所需椭圆。

A. 外切长矩形　　B. 内切长矩形　　C. 外切四边形　　D. 内切四边形

77. 对（　　）物体目测时，可用铅笔直接放在实物上测定各部分的大小，然后按测定的大小画出草图。

A. 特大　　　　　B. 较大　　　　　C. 较小　　　　　D. 所有

78. 对较大物体目测时，人的位置保持不动，（　　），手握铅笔进行目测度量。人和物体的距离大小，应根据所需图形的大小来确定。

A. 手臂向上高举　B. 手臂向下低垂　C. 手臂向前伸直　D. 手臂向前弯曲

79. 在方格纸上徒手绘制平面图形时，大圆的中心线和主要轮廓线应尽可能利用方格纸上的线条，图形各部分之间的（　　）可按方格纸上的格数来确定。

A. 关系　　　　　B. 比例　　　　　C. 大小　　　　　D. 连接

80. 徒手绘制基本体时，应先画出（　　），再画出侧面的轮廓线。

A. 上面底面　　　B. 下面底面　　　C. 上下底面　　　D. 上下轮廓线

81. 徒手绘制组合体时，要先分析它由哪几个部分组成、各部分的组合方式及它们的相对位置，然后再逐个画出（　　）。

    A. 组成的数量　　　B. 各组合方式　　　C. 相对的位置　　　D. 各组成部分

82. 徒手绘制（　　）或带有缺口、打孔的组合体时，应先画出完整的形体，然后再逐一进行开槽、打孔或切割。

    A. 基本体　　　　　B. 切割体　　　　　C. 组合体　　　　　D. 装配体

83. UG NX 软件保存后文件名的扩展名是（　　）。

    A. ＊.ICS　　　　　B. ＊.MC9　　　　　C. ＊.PRT　　　　　D. ＊.X_T

84. UG NX 软件通过 Parasolid 方式导出后，文件的扩展名是（　　）。

    A. ＊.ICS　　　　　B. ＊.MC9　　　　　C. ＊.PRT　　　　　D. ＊.X_T

85. UG NX 的草图由草图平面、草图坐标系、草图曲线和（　　）等组成。

    A. 草图约束　　　　B. 草图尺寸　　　　C. 几何约束　　　　D. 草图基准

86. UG NX 草图曲线不包括（　　）。

    A. 矩形　　　　　　B. 圆弧　　　　　　C. 配置文件　　　　D. 渐开线

87. UG NX 草图中的 ╱⊥ 图标表示的是（　　）命令。

    A. 绘图　　　　　　B. 编辑　　　　　　C. 约束　　　　　　D. 辅助

88. UG NX 草图中尺寸约束不包括（　　）。

    A. 竖直　　　　　　B. 平行　　　　　　C. 角度　　　　　　D. 对称

89. UG NX 草图中几何约束不包括（　　）。

    A. 水平　　　　　　B. 竖直　　　　　　C. 同心　　　　　　D. 直径

90. UG NX 工程图和三维实体是完全关联的，工程图中标注的尺寸就是直接引用（　　）。

    A. 三维模型的真实尺寸　　　　　　　B. 按图纸页比例换算后的尺寸

    C. 视图中测量的尺寸　　　　　　　　D. 图纸中的尺寸

91. 装配图中互相接触的两相邻表面（　　）。

    A. 只画一条线　　　B. 只画两条线　　　C. 需画两条线　　　D. 需画加粗线

92. 装配图中同一零件在同一图样的各剖视图和断面图中的剖面线（　　）要一致。

    A. 方向和线条粗细　　　　　　　　　B. 方向和间距大小

    C. 粗细和倾斜方向　　　　　　　　　D. 粗细和间隔大小

93. 装配图中（　　）被剖切平面通过其对称平面或轴线纵向剖切时，这些零件按不剖绘制。

    A. 空心件　　　　　B. 实心件　　　　　C. 镶嵌件　　　　　D. 组合件

94. 装配图中紧固件被剖切平面通过其对称平面或轴线（　　）时，这些零件按不剖绘制。

    A. 斜向剖切   B. 横向剖切   C. 纵向剖切   D. 反向剖切

95. 装配图中拆卸画法是假想（   ）剖切，被横剖的实心件须画上剖面线，结合处不画剖面线，且需注明"拆去××"。

    A. 沿某些零件的对称面   B. 沿某些零件的结合面

    C. 沿主要零件的结合面   D. 沿主要零件的对称面

96. 装配图中假想画法是用双点画线画出某相邻零部件的轮廓线，以表示某部件与该相邻零部件的（   ）。

    A. 先后顺序   B. 大小比例   C. 装配关系   D. 所属关系

97. 装配图中展开画法是假想按传动顺序沿轴线剖切，然后（   ），将剖切平面均旋转到与选定的投影面平行的位置，再画出其剖视图。

    A. 依次展开   B. 依次画出   C. 同时展开   D. 同时画出

98. 装配图中若干相同的零、部件组，可只详细地画出一组，其余用（   ）表示其位置。

    A. 细实线   B. 粗实线   C. 细点画线   D. 粗点画线

99. 装配图中零件的倒角、圆角、凹坑、凸台、沟槽、滚花、刻线及其他细节等（   ）。

    A. 均要画出   B. 可放大画出   C. 可省略不画   D. 可简略少画

100. 装配图中当剖切平面通过某些为（   ）的部件或该部件已由其他图形表示清楚时，可按不剖绘制。

    A. 合格产品   B. 非合格产品   C. 标准产品   D. 非标准产品

101. 装配图中当图形上孔的直径或薄片的厚度较小（≤2mm），以及间隙、斜度和锥度较小时，允许将该部分（   ）画出。

    A. 不按 1∶1 比例   B. 按 1∶1 比例

    C. 不按原来比例   D. 按原来比例

102. 装配图中（   ）五种必要的尺寸：规格、性能尺寸，装配尺寸，安装尺寸，外形总体尺寸，其他重要尺寸。

    A. 每个零件需注   B. 根据需要可注出

    C. 必须注出以下   D. 不得注出以下

103. 为便于看图和图样管理，对装配图中所有零、部件均必须编写序号。同时，在标题栏上方的（   ）与图中字号一一对应地予以列出。

    A. 明细栏中   B. 序号栏中   C. 登记栏中   D. 空白栏中

104. 特殊情况下，装配图中的明细栏可作为装配图的续页，按 A4 幅面单独制表，但应（　　）填写。

  A. 自左而右 B. 自右而左 C. 自下而上 D. 自上而下

105. 具体画装配图的步骤为：布局，画各视图主要轮廓线，（　　）画出各视图，校核，描深，画剖面线，注尺寸，编序号，填写技术要求、明细栏、标题栏，完成全图。

  A. 分别 B. 先后 C. 逐层 D. 逐个

106. 阅读装配图的步骤为：概括了解；（　　）；分析零件，读懂零件结构形状；分析尺寸，了解技术要求。

  A. 了解装配关系和工作原理 B. 了解装配体的名称和用途

  C. 看懂装配图特殊表达方法 D. 明确主视图和其他视图

107. 常见的齿轮传动形式有用于两平行轴之间传动的（1）、用于两相交轴之间传动的（2）和用于两交错轴之间传动的（3）三种。下列答案正确的是（　　）。

  A. 1 圆锥齿轮 2 圆柱齿轮 3 蜗杆蜗轮 B. 1 圆柱齿轮 2 蜗杆蜗轮 3 圆锥齿轮

  C. 1 圆柱齿轮 2 圆锥齿轮 3 蜗杆蜗轮 D. 1 蜗杆蜗轮 2 圆锥齿轮 3 圆柱齿轮

108. 标准直齿圆柱齿轮的（　　）d 等于模数 m 与齿数 Z 之积。

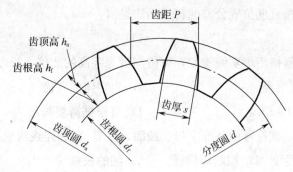

  A. 齿顶圆直径 B. 齿根圆直径 C. 分度圆直径 D. 绘图圆直径

109. 标准直齿圆柱齿轮的（　　）d_a 等于齿数 Z 与 2 之和再乘以模数 m。

  A. 齿顶圆直径 B. 齿根圆直径 C. 分度圆直径 D. 全齿圆直径

110. 标准直齿圆柱齿轮的（　　）计算公式为：$d_f = m(Z - 2.5)$。

  A. 分度圆直径 B. 齿根圆直径 C. 齿顶圆直径 D. 全齿圆直径

111. 单个圆柱齿轮的齿顶圆和齿顶线用（　　）绘制。

  A. 粗实线 B. 细实线 C. 粗点画线 D. 细点画线

112. 圆柱齿轮的（　　）均用细点画线绘制。

  A. 外形圆和剖面线   B. 齿顶圆和齿顶线

  C. 齿根圆和齿根线   D. 分度圆和分度线

113. 两齿轮啮合时，在平行于齿轮轴线的投影面的外形视图中，啮合区不画齿顶线，只用（　　）画出节线。

    A. 粗实线　　　　B. 细实线　　　　C. 点画线　　　　D. 中心线

114. 下列叙述正确的是（　　）。

    A. 键的作用是防止齿轮脱落　　　　B. 键的作用是减少安装间隙

    C. 键的作用是连接传递转矩　　　　D. 键的作用是增大传递动力

115. 常用的销有圆柱销、（　　）销和开口销等。

    A. 圆锥　　　　B. 棱锥　　　　C. 斜面　　　　D. 连接

116. 常用的弹簧有压缩弹簧、拉伸弹簧、扭转弹簧和（　　）。

    A. 动力发条　　　　B. 螺旋簧片　　　　C. 平面蜗卷弹簧　　　　D. 平面螺旋簧片

117. 形位公差代号的标注采用带箭头的指引线和用（　　）画出并分成两格或多格的框格表示。

    A. 粗实线　　　　B. 细实线　　　　C. 点画线　　　　D. 任意线

118. 形位公差中圆度形状公差的符号画法是（　　）。

    A. "●"　　　　B. "◇"　　　　C. "○"　　　　D. "◎"

119. 形位公差中垂直度位置公差的符号画法是（　　）。

    A. "∥"　　　　B. "∠"　　　　C. "⌐"　　　　D. "⊥"

120. 形位公差的框格用细实线绘制，框格高度为字高的 2 倍，长度（　　）。

    A. 为字体的 4 倍　　　　　　　　B. 为字体的 6 倍

    C. 为字体的 8 倍　　　　　　　　D. 可根据需要画出

121. 形位公差中基准符号由基准字母、圆圈、（　　）和连线组成。

    A. 细的短横线　　B. 粗的短横线　　C. 细的长横线　　D. 粗的长横线

（二）鉴定范围：绘制三维图

1. 正轴测投影中，直角坐标轴（　　）投影射线。

    A. 应平行　　　　B. 应垂直　　　　C. 不应平行　　　　D. 不应垂直

2. 在正等轴测投影中，三直角坐标轴对轴测投影面的倾角（　　）。

    A. 不同　　　　B. 相同　　　　C. 有两个相同　　　　D. 是任意的

3. 在正等轴测投影中，平行两直线的投影（　　）。

    A. 相交　　　　B. 交叉　　　　C. 平行　　　　D. 是任意位置

4. 在正等轴测投影中，三轴变形系数的平方和恒等于（　　）。

    A. 1　　　　B. 2　　　　C. 3　　　　D. 4

5. 正等轴测投影图的轴向简化系数均从（　　）点开始测量。

A. *X*   B. *Y*   C. *Z*   D. *O*

6. 四心圆法画椭圆，四个圆心分别在（ ）。

  A. 长轴上   B. 长、短轴上   C. 短轴上   D. 共轭直径上

7. 在 *XOY* 平面上椭圆的短轴一般与（ ）轴重合。

  A. *X*   B. *Y*   C. *Z*   D. 任意

8. 圆柱的正等测画法，可根据其直径 *d* 和高度 *h* 作出两个大小完全相同、中心距为 *h* 的两个椭圆，然后作出两个椭圆的（ ）即成。

  A. 中心线   B. 公切线   C. 连接线   D. 内切线

9. 在正等轴测投影中，三个轴的轴间角（ ）。

  A. 两个相同   B. 三个相同   C. 三个不同   D. 任意

10. 轴测图上标注尺寸，尺寸数字应按相应轴测图标注在尺寸线的（ ）。

  A. 下方   B. 上方   C. 左方   D. 右方

11. 在轴测剖视图中，有一种作图法是先画剖面形状、（ ）。

  A. 再画内外结构形状   B. 再画虚线

  C. 再画外形   D. 再画内部结构

12. 画组合体的正等轴测图，一般采用（ ）。

  A. 旋转法   B. 辅助平面法   C. 叠加法   D. 辅助线法

13. 画切割体的正等轴测图，应先画（ ），然后用切割平面逐一切割基本体。

  A. 圆   B. 椭圆   C. 基本体   D. 组合体

14. 轴测剖视图是假想用两个互相（ ）的剖切平面将物体剖开然后画轴测剖视图。

  A. 平行   B. 垂直   C. 相交   D. 斜交

15. 常用的画轴测剖视图的方法是（ ）和先画断面再作投影两种。

  A. 画投影图   B. 先画外形再作剖视

  C. 画断面图   D. 画三视图

16. 用先画外形再作剖视法画组合体的（ ），可先画出其完整的正等轴测图。

  A. 三视图   B. 正等轴测剖视图

  C. 剖视图   D. 轴测图

17. 用先画断面形状再画投影法画组合体的正等轴测（ ），可先在轴测轴上分别画出两个方向的断面。

  A. 投影图   B. 三视图   C. 轴测   D. 剖视图

18. 轴测剖视图的（ ）要画出剖面线。

  A. 投影面   B. 剖视图   C. 轴测图   D. 断面

19. 在轴测（　　）上，当剖切平面通过肋板等结构的纵向对称平面时，断面上不画剖面线。

  A. 图   B. 平面   C. 投影   D. 剖视图

20. 画带有圆角的底板的正等轴测图，在轴测图上钝角处与锐角处作图方法相同，只是（　　）不同。

  A. 投影面   B. 轴测轴   C. 直径   D. 半径

21. 立体感很强的（　　）为工作者提供了非常形象的装配线路和线路上各零件的确切位置。

  A. 轴测图   B. 轴测装配图 C. 装配图   D. 剖视图

22. 轴测装配图的画法有分解式轴测装配图和（　　）等两种。

  A. 剖视图   B. 所有零件图 C. 整体式轴测装配图 D. 轴测剖视图

23. 轴测装配图一般采用（　　）方法绘制。

  A. 正等轴测图 B. 三视图   C. 剖视图   D. 透视图

24. 轴测装配图的画法有（　　）三种。

  A. 分解式画法、剖切式画法和正等轴测画法

  B. 剖切式画法、整体式画法和正等轴测画法

  C. 分解式画法、整体式画法和分解、整体相结合画法

  D. 正等测、正二测和斜二测

25. 画整体轴测装配图，除主体零件外，所有零件都应从（　　）开始。

  A. O 点   B. X 轴   C. 定位面   D. 坐标原点

26. 为表达的需要，画轴测装配图时，可采用（　　）画法。

  A. 整体与分解相结合   B. 二维剖视图

  C. 轴测图与平面图相结合 D. 中心投影

27. 在轴测装配图上作剖视，实质上就是在各零件的（　　）上作剖视。

  A. 轴测图   B. 三视图   C. 剖视图   D. 零件图

28. 画轴测装配剖视图，一般先画出完整的（　　），然后进行剖切。

  A. 零件图   B. 三视图   C. 装配图   D. 全剖视图

29. 画轴测装配剖视图，一般用（　　）剖切面通过装配体中心将其剖开。

  A. 水平   B. 垂直   C. 轴测投影面 D. 水平和垂直

30. 画轴测装配剖视图，首先要掌握好（　　）的画法。

  A. 装配图   B. 零件图   C. 轴测图   D. 单个零件轴测图

31. UG NX 常见的分割曲线方式有（　　）、以边界对象分割、指定曲线长度分割等。

A. 等参数分割　　B. 不等参数分割　　C. 变参数分割　　D. 定距分割

32. UG NX 中，（　　）特征可以生成直径形状大小不同的圆柱体。

A. 拉伸　　　　　B. 旋转　　　　　C. 沿导线扫描　　　D. 直纹面

33. UG NX 创建圆柱体设计特征时，可以用（　　）以及"圆弧和高度"两种参数方式来建立特征。

A. "轴、直径和高度"　　　　　B. "底圆和高度"

C. "轴和素线"　　　　　　　　D. "底圆和轴"

34. UG NX 中，（　　）不属于边倒圆。

A. 恒半径倒圆　　B. 变半径倒圆　　C. 陡峭边倒圆　　D. 软倒圆

35. UG NX 边倒圆有凸倒圆和凹倒圆两种方式，（　　）。

A. 凸倒圆是从模型上去除材料，凹倒圆是往模型上加材料

B. 凸倒圆和凹倒圆都是往模型上去除材料

C. 凸倒圆是从模型上加材料，凹倒圆是往模型上去除材料

D. 凸倒圆和凹倒圆都是往模型上加材料

36. UG NX 中，（　　）在作曲面时能捕捉点来作为主曲线。

A. 过曲线　　　　B. 直纹面　　　　C. 网格曲线　　　D. 桥接

37. UG NX 装配约束类型有配对、对齐、角度、平行、（　　）等。

A. 垂直　　　　　B. 竖直　　　　　C. 水平　　　　　D. 等长

（三）鉴定范围：图档管理

1. 产品是生产企业向用户或市场以商品形式提供的（　　）。

A. 合格品　　　　B. 处理品　　　　C. 半制成品　　　D. 制成品

2. 零件是一种不采用装配工序而制成的单一（　　）。

A. 商品　　　　　B. 物品　　　　　C. 成品　　　　　D. 半成品

3. 通用件是在不同类型或同类型不同规格的产品中具有（　　）性的零部件。

A. 特殊　　　　　B. 互换　　　　　C. 一般　　　　　D. 普遍

4. 凡是绘制了（　　）、编制了技术要求的图纸称为图样。

A. 草图　　　　　B. 底图　　　　　C. 视图　　　　　D. 效果图

5. 按图样表示的对象，图样分为零件图、装配图、总图、外形图、（　　）、包装图等。

A. 设备图　　　　B. 设施图　　　　C. 平面图　　　　D. 安装图

6. 通用件的编号应参照（　　）5054.8—2000 或按企业标准的规定。

A. ISO　　　　　B. GB　　　　　C. JB/T　　　　　D. TH

7. 图样和文件的编号一般有分类编号和隶属编号两大类，也可按（　　）标准规定

编号。

    A. 全行业   B. 各行业   C. 各部门   D. 各单位

8. 分类编号其代号的基本部分由分类号、特征号和（　　）三部分组成。

    A. 属性号   B. 区分号   C. 区别号   D. 识别号

9. 隶属编号其代号由产品代号和隶属号组成，中间以圆点或（　　）隔开。

    A. 斜线   B. 折线   C. 长横线   D. 短横线

10. 图样和文件的编号应与企业计算机辅助管理分类编号要求相（　　）。

    A. 协调   B. 一致   C. 制约   D. 关联

二、判断题（正确的打"√"，错误的打"×"。错答、漏答均不得分，也不反扣分）

（一）鉴定范围：绘制二维图

1. A 点的 V 面投影和 W 面投影的连线垂直于 OX 轴。（　　）

2. A 点在 V 面投影的坐标为（X、Y）。（　　）

3. 根据两点的 Y 坐标，可以判别两点间的前后位置。（　　）

4. 垂直于 W 面的直线称正垂线。（　　）

5. 点分割线段比例关系不定的性质称为定比性。（　　）

6. 一般位置直线，三面投影的长度均小于实长。（　　）

7. 水平线的水平投影反映 β、α 的实角。（　　）

8. 正垂线 AB 的投影 ab 积聚成一点。（　　）

9. 平行于一个投影面而与另外两个投影面倾斜的平面称为投影面平行面。（　　）

10. 一般位置平面，两个投影反映实形。（　　）

11. 侧平面在 W 面投影反映实形。（　　）

12. 侧垂面在 W 面投影为一斜线。（　　）

13. 换面法中，新投影面的设立必须与某一原投影面垂直。（　　）

14. 换面法中，点的新投影到新投影轴的距离等于点的不变投影到旧轴的距离。（　　）

15. 换面法求一般位置直线 AB 对 V 面倾角时，新坐标轴必须平行于 $a'b'$。（　　）

16. 换面法中求一般位置直线对 H 投影面的倾角时，新投影轴应平行于直线的正面投影。（　　）

17. 换面法中求一般位置直线对 H 面的倾角时，新投影轴应平行于直线的水平投影。（　　）

18. 求一般位置平面对 V 投影面的倾角时，须先在该平面内作一条水平线，新投影轴要垂直于水平线。（　　）

19. 求一般位置平面对 H 投影面的倾角时，须先在平面内作一条正平线，新投影轴应

垂直于正平线。（　　）

20. 求一般位置平面的实形时，只要在平面内作一条水平线，即可将平面变换为平行面。（　　）

21. 圆柱截割，截交线形状为椭圆时，截平面必倾斜于圆柱轴线。（　　）

22. 截平面与圆锥所有素线都相交时，截交线的形状为抛物线。（　　）

23. 两个同轴的阶梯圆柱被平行于轴线的平面所截，截交线的形状为两个矩形线框。（　　）

24. 平面与同轴的圆柱、圆锥组合体的轴线平行相交时，截交线应为两个封闭的矩形线框。（　　）

25. 一圆柱、圆球同轴相切组成的立体被平行于圆柱轴线的平面所截，截交线的形状应为半圆和直线围成的封闭线框。（　　）

26. 当平面平行 W 面与球相交时，截交线的正面投影一定反映实形。（　　）

27. 两圆柱相贯，其轴线正交且直径相等时，相贯线的形状为平面椭圆曲线。（　　）

28. 利用辅助平面法求圆柱与圆锥的相贯线时，辅助平面应平行于圆锥轴线。（　　）

29. 圆锥与圆球相贯，不论两形体处于什么位置，相贯线的几何形状一定为圆。（　　）

30. 棱柱与圆锥相交（同轴），每个棱面与圆锥的交线均为双曲线。（　　）

31. 表示相贯线上极限范围的点或转向线上的点通常被称为一般位置点。（　　）

32. 轴线正交且直径不相等的两圆孔相贯，相贯线的形状为空间曲线并弯向于直径大的轴线方向。（　　）

33. 圆孔与圆球相贯，当孔的轴线通过球心且垂直于 V 面时，相贯线的正面投影为圆。（　　）

34. 圆柱与圆锥轴线正交相贯，一般情况下相贯线为空间曲线。该曲线应向直径大的轴线方向弯曲。（　　）

35. 两个基本体的表面共面时，连接处画分界线。（　　）

36. 两形体的表面相交时，连接处存在分界线。（　　）

37. 组合体基本形体之间，平面与平面的连接关系为共面和不共面。（　　）

38. 形体分析法和线面分析法是看组合体视图的基本方法。（　　）

39. 看组合体视图时，一般是用线面分析法即可看懂，遇到疑难问题时再用形体分析法分析，从而将视图全部看懂。（　　）

40. 尺寸合理是指标注的尺寸既满足工艺要求，又便于加工和测量。（　　）

41. 面基准常选择零件上较大的加工面。（　　）

42. 图上所注尺寸应能完全确定组合体的形状大小及各组成部分的相对位置。（　　）

43. 定位尺寸尽量标注在反映该部分形状特征的视图上。（   ）

44. 选择一组视图，表达组合体的基本要求是既要画出六个基本视图，又要画出其他视图。（   ）

45. 根据机件的轴测图画视图的步骤是：选择视图、确定剖视图、画定位线、画视图底稿。（   ）

46. 制图标准规定，表达机件外部结构形状的视图只有六个基本视图。（   ）

47. 制图标准规定，向视图是一种移位配置的剖视图。（   ）

48. 为了便于看图，应在向视图的下方用拉丁字母标出向视图的名称，并在相应的视图附近用箭头指明投影方向，注上相同的字母。（   ）

49. 局部视图是将机件的某一部分向基本投影面投影所得的视图。（   ）

50. 局部视图最好画在有关视图的附近，并按基本视图配置的形式配置。必要时，也可以画在其他适当的位置。（   ）

51. 机件向不平行于基本投影面的平面投射所得的视图称斜视图。（   ）

52. 斜视图一般按投影关系配置，必要时，允许将斜视图平行配置。（   ）

53. 按制图标准规定，表示斜视图名称的大写拉丁字母应靠近旋转符号的箭头端。（   ）

54. 用不平行于任何基本投影面的剖切平面剖开机件的方法称为全剖视图。（   ）

55. 画斜剖视图时，最好配置在箭头所指的方向，并符合投影关系，不允许将图形旋转。（   ）

56. 画半剖视图时，半个剖视图和半个视图必须用细实线分界，而不能画成粗实线。（   ）

57. 局部剖视图中，剖与不剖部分常以波浪线分界，波浪线必须超出视图的轮廓线。（   ）

58. 制图标准规定，画旋转剖视图时，对未剖切到的部分必须按旋转后画出。（   ）

59. 用几个平行的剖切平面剖切机件画剖视图时，一般不允许画出剖切平面转折处的分界线。（   ）

60. 画移出断面图时，当剖切平面通过回转面形成的孔或凹坑的轴线时，这些结构应按剖视图绘制。（   ）

61. 在剖视图中，机件上的肋、轮辐、薄壁等，如按纵向剖切，这些结构都应画剖面符号，而用粗实线将它们与其邻接部分分开。（   ）

62. 当机件回转体上均匀分布的肋、轮辐、孔等结构不处于剖切平面时，可将这些结构按原位置投影画出。（   ）

63. 只用量具、不用绘图仪器绘制图样称为徒手绘图。（   ）

64. 徒手绘图常用于设计初始反复比较方案、现场测绘、参观学习或交流讨论等场合。（　　）

65. 徒手绘图的基本要求是画图速度要快、目测比例要快、图面质量要好。（　　）

66. 徒手绘图中的线条可粗细一样，只要方向正确即可。（　　）

67. 初学徒手绘图时，应在方格纸上进行，以便训练图线画的平直和借助方格线确定图形的比例。（　　）

68. 徒手绘图所使用的铅笔的铅芯应磨成矩形。（　　）

69. 徒手绘图时，手指握铅笔的姿势可任意。（　　）

70. 徒手画直线时，眼睛应多看终点，不要盯着笔尖或已画出的线段。（　　）

71. 徒手画长斜线时，为了运笔方便，可将图纸旋转到适当角度，使它转成水平方向位置来画。（　　）

72. 徒手画圆时，先画出中心线，在中心线上用半径长度量出四点，然后连四点画圆。（　　）

73. 徒手画直径很大圆时，可用手作圆规，以小手指的指尖或关节作圆心，使铅笔与它的距离等于所需的半径，用另一只手小心地慢慢转动图纸，即可得到所需的圆。（　　）

74. 徒手画圆角时，先用目测选取圆心位置，然后画圆弧即可。（　　）

75. 徒手画椭圆时，先画出椭圆的长短轴，然后徒手画出椭圆。（　　）

76. 徒手画椭圆时，可分别画出四段椭圆弧，连在一起即得所需椭圆。（　　）

77. 对较小物体目测时，可手握铅笔伸直手臂目测实物各部分的大小，然后按测定的大小画出草图。（　　）

78. 对较大物体目测时，可用铅笔直接放在实物上测定各部分的大小，然后按测定的大小画出草图。（　　）

79. 在方格纸上徒手绘制平面图形时，大圆的中心线和主要轮廓线必须画在方格线上。（　　）

80. 徒手绘制基本体时，应先画出上下底面，再画出侧面的轮廓线。（　　）

81. 徒手绘制组合体时，要先画出各组成部分，然后再分析它由哪几个部分组成、各部分的组合方式及它们的相对位置。（　　）

82. 徒手绘制切割体或带有缺口、打孔的组合体时，应先画出完整的形体，然后再逐一进行开槽、打孔或切割。（　　）

83. UG NX 中，草图中的几何约束用于约束两个或多个对象之间的几何位置关系，也可以定义单个对象的几何位置关系。（　　）

84. UG NX 中，一般情况下，每选择一组草图对象能指定多个几何约束。（　　）

85. 装配图中互相接触的两相邻表面需画两条线。（　　　）

86. 装配图中相邻两零件的剖面线，其倾斜方向应相反，或方向一致而间距不同。（　　）

87. 装配图中实心件被剖切平面通过其对称平面或轴线纵向剖切时，这些零件按不剖绘制。（　　）

88. 装配图中紧固件被剖切平面通过其对称平面或轴线纵向剖切时，这些零件按不剖绘制。（　　）

89. 装配图中拆卸画法是假想沿某些零件的结合面剖切，被横剖的实心件不画剖面线，结合处须画上剖面线，且需注明"拆去××"。（　　）

90. 装配图中假想画法是用双点画线画出某相邻零部件的轮廓线，以表示某部件与该相邻零部件的装配关系。（　　）

91. 装配图中展开画法是假想按传动顺序将各个零件展开，画出其传动路线和装配关系的图。（　　）

92. 装配图中若干相同的零、部件组，可只详细地画出一组，其余用细点画线表示其位置。（　　）

93. 装配图中零件的倒角、圆角、凹坑、凸台、沟槽、滚花、刻线及其他细节也必须要画。（　　）

94. 装配图中当剖切平面通过某些为标准产品的部件或该部件已由其他图形表示清楚时，可用细点画线绘制。（　　）

95. 装配图中当图形上孔的直径或薄片的厚度较小（≤2mm），以及间隙、斜度和锥度较小时，允许将该部分按原来比例夸大画出。（　　）

96. 装配图中必须注出五种尺寸：规格、性能尺寸，装配尺寸，安装尺寸，外形总体尺寸，其他重要尺寸。（　　）

97. 为便于看图和图样管理，对装配图中所有零、部件均必须编写序号。同时，在标题栏上方的明细栏中与图中字号一一对应地予以列出。（　　）

98. 特殊情况下，装配图中的明细栏可作为装配图的续页，按 A4 幅面单独制表，但应自上而下填写。（　　）

99. 画装配图的步骤一般为了解分析装配体、确定表达方案、具体进行画图三大步。（　　）

100. 阅读装配图的步骤为：概括了解；全面了解；看懂零件形状；由装配图拆画零件图。（　　）

101. 常见的齿轮传动形式有用于两相交轴之间传动的圆柱齿轮、用于两平行轴之间传

动的圆锥齿轮和用于两交错轴之间传动的蜗杆蜗轮三种。（　　）

102. 标准直齿圆柱齿轮的分度圆直径计算公式为：$d=mZ$。（　　）

103. 标准直齿圆柱齿轮的齿顶圆直径计算公式为：$d_a=m(Z+2)$（　　）

104. 标准直齿圆柱齿轮的齿根圆直径计算公式为：$d_f=m(Z-2.5)$（　　）

105. 单个圆柱齿轮的齿顶圆和齿顶线用粗实线绘制。（　　）

106. 圆柱齿轮的分度圆和分度线均用细点画线绘制。（　　）

107. 两齿轮啮合时，在平行于齿轮轴线的投影面的外形视图中，啮合区不画齿顶线，只用粗实线画出节线。（　　）

108. 键是用来连接轴和装在轴上的传动零件，起防止零件脱落、增大传递动力的作用。（　　）

109. 常用的销有圆柱销、圆锥销和开口销等。（　　）

110. 常用的弹簧有压力器、拉力器、减振簧板和闹钟发条。（　　）

111. 形位公差代号的标注是用填有符号和字母的两格或多格的框格表示。（　　）

112. 形位公差中圆柱度形状公差的符号画法是"○"。（　　）

113. 形位公差中垂直度位置公差的符号画法是"⊥"。（　　）

114. 形位公差的框格用细实线绘制，框格长度为字高的 2 倍，高度可根据需要画出。（　　）

115. 形位公差中基准符号由基准字母、圆圈、粗的短横线和连线组成。（　　）

（二）鉴定范围：绘制三维图

1. 正轴测投影中，投射光线与某一坐标轴平行。（　　）

2. 空间直角坐标系中，三直角坐标轴对轴测投影面的倾斜角相同，称正等轴测投影。（　　）

3. 在正等轴测投影中，如果平面既不平行于投射线，也不平行于投影面，则为原形的类似图形。（　　）

4. 正等轴测投影中，三个轴向伸缩系数均相同。（　　）

5. 轴测图是指用简化变形系数画出的图样。（　　）

6. 已知椭圆的长轴，就可以用四心圆法画椭圆。（　　）

7. 椭圆的长轴方向一般应与坐标轴重合。（　　）

8. 圆柱的正等测画法，可根据其直径 d 和高度 h 作出两个大小完全相同、中心距为 h 的两个椭圆，然后作出两个椭圆的公切线即成。（　　）

9. 在正等轴测投影中，三个轴间角之和为 $360°$。（　　）

10. 轴测图尺寸标注可按三视图方法标注。（　　）

11. 画轴测剖视图是为了表达物体的内外部结构形状。（　　）

12. 画正等轴测图首先要画出三视图。（　　）

13. 某一基本体被若干平面切割而成的立体称为切割体。（　　）

14. 画轴测剖视图是为表达物体的内外部形状。（　　）

15. 先画断面形状、再画投影是绘制正等轴测图的方法之一。（　　）

16. 用先画外形再作剖视法画组合体的正等轴测剖视图，可先画出其完整的正等轴测图。（　　）

17. 先画断面形状再画投影是绘制正等轴测剖视图的唯一方法。（　　）

18. 在正等轴测剖视图中，平行于各坐标面的断面的剖面线方向成等腰三角形。（　　）

19. 在轴测剖视图上，当剖切平面通过肋板等结构的纵向对称平面时，断面上不画剖面线。（　　）

20. 画带有圆角的底板的正等轴测图，其圆角可用圆近似画出。（　　）

21. 二维装配图比轴测装配图更容易理解。（　　）

22. 画出各个零件的轴测图叫分解式轴测装配图。（　　）

23. 画轴测装配图，首先对装配体的装配关系要彻底了解。（　　）

24. 画分解式轴测装配图，画好各零件的轴测图是关键。（　　）

25. 画整体轴测装配图的关键是正确确定各零件的基准。（　　）

26. 整体与分解相结合的画法是轴测装配图的画法之一。（　　）

27. 整体轴测装配图画成剖视图的目的是具有美感。（　　）

28. 画轴测装配剖视图，一般先画装配体再进行剖切。（　　）

29. 画轴测装配剖视图，一般用水平和垂直的剖切面将装配体剖开。（　　）

30. 画轴测装配图，先从单个零件轴测图开始，再画简单装配体。（　　）

31. UG NX 中，画椭圆时，椭圆的长半轴总是与 XC 成旋转角的轴线。（　　）

32. UG NX 中，偏置曲线是对已存在的曲线以一定的偏置方式得到的新曲线。（　　）

33. UG NX 中，建立基准面时，最多可使用 6 个约束。（　　）

34. UG NX 中，旋转特征是将特征截面曲线绕旋转中心线旋转而成的回转特征。（　　）

35. UG NX 中，在进行拉伸、扫描体等操作时，截面曲线可以是单一的一段曲线，也可以是一个曲线串，并且曲线串之间不一定要首尾相接。（　　）

36. UG NX 中，由一组曲线通过一定方法扫描形成实体特征，建立的特征形状和位置与其用于扫描的曲线之间具有相关性。（　　）

37. UG NX 中，在建立矩形凸垫特征时，其放置面可以是平面，也可以是曲面。（　　）

38. UG NX 中，键槽特征有矩形、球形端、U 形键槽、T 形键槽等形式。（　　）

39. UG NX 中，布尔运算只适用于两个实体组合成单个实体的运算。（ ）

40. UG NX 中，倒斜角功能用于在已存在的实体上沿指定的边缘作倒角操作。（ ）

41. UG NX 中，修剪体常用于利用一个自由曲面去修剪实体模型，从而在模型实体上获得一个曲面形表面。（ ）

42. UG NX 中，对于一些比较复杂的模型，不能直接采用实体建模时，可采用自由曲面操作逐个建立实体的表面，再缝合成实体或采用其他方法形成实体。（ ）

43. UG NX 中，装配爆炸图是在装配环境下把组成装配的组件拆分开来，更好地表示整个装配的组成状况，便于观察每个组件的一种方法。（ ）

（三）鉴定范围：图档管理

1. 产品是生产企业向用户或市场以商品形式提供的制成品。（ ）

2. 部件是一种不采用装配工序而制成的单一成品。（ ）

3. 标准件是在不同类型或同类型不同规格的产品中具有互换性的零部件。（ ）

4. 凡是绘制了视图、编制了技术要求的图纸称为图样。（ ）

5. 按图样完成的方法和使用特点，图样分为原图、草图、副底图、复制图、CAD图。（ ）

6. 同一产品、部件、零件的图样用数张图纸绘制时，各张图样标注同一代号。（ ）

7. 图样和文件的编号一般有分类编号和隶属编号两大类。（ ）

8. 分类编号其代号的基本部分由分类号、特征号和识别号三部分组成，中间以圆点或短横线分开。（ ）

9. 隶属编号其代号由产品代号和隶属号组成，中间以分号或斜线隔开。（ ）

10. 图样和文件的编号应与企业计算机辅助管理分类编号要求相协调。（ ）

三、多项选择题（请从每选项中选取正确答案填写在括号中。错选、漏选均不得分，也不反扣分）

（一）鉴定范围：基础知识

1. 制图国家标准规定，以下（ ）为图纸优先选用的基本幅面尺寸。

　　A. A0　　　　　　B. A5　　　　　　C. A6　　　　　D. A3　　　　　E. A4

2. 制图国家标准规定，字体高度的公称尺寸系列为：1.8，2.5，3.5，5，7，（ ）。

　　A. 10　　　　　　B. 12　　　　　　C. 14　　　　　D. 16　　　　　E. 20

3. 机械图样中线型组别有：2，1.4，1.0，0.7，0.5，0.35，0.25等，其中优先采用的线型组别是（ ）。

　　A. 2　　　　　　B. 1.4　　　　　　C. 0.7　　　　　D. 0.5　　　　　E. 0.35

4. 机械图样中常用的图线线型有（ ）等。

A. 粗实线　　　B. 细实线　　　C. 边框线　　　D. 轮廓线　　　E. 虚线

5. （　　　）与其他图线相交时，应在线段处相交，而不应在间隙处相交。

A. 粗实线、细实线　　　　　　　　B. 虚线、点画线

C. 虚线、虚线　　　　　　　　　　D. 点画线、点画线

E. 虚线、细实线

6. 图样中的尺寸如采用（　　　）单位，则必须注明相应的单位符号。

A. mm　　　　B. cm　　　　C. dm　　　　D. m　　　　E. μm

7. 尺寸线终端形式有（　　　）。

A. 圆点　　　B. 圆圈　　　C. 直线　　　D. 斜线　　　E. 箭头

8. 对圆弧标注半径尺寸时，在尺寸数字前错误加注的符号是"（　　　）"。

A. Φ　　　B. R　　　C. $S\Phi$　　　D. SR　　　E. $R\Phi$

9. 对球面标注半径尺寸时，在尺寸数字前错误加注的符号是"（　　　）"。

A. Φ　　　B. R　　　C. $S\Phi$　　　D. SR　　　E. 球 R

10. 标注角度尺寸时，下列叙述正确的是（　　　）。

A. 尺寸数字一律垂直写　　　　　B. 尺寸界线沿径向引出

C. 尺寸线画成圆弧　　　　　　　D. 尺寸数字一律水平写

E. 尺寸线画成直线

11. H 或 HB 的铅笔，常用来画（　　　）。

A. 粗实线　　　B. 细实线　　　C. 细虚线　　　D. 细点画线　　　E. 写字

12. 铅笔的铅芯削磨形状有（　　　）。

A. 锥形　　　B. 矩形　　　C. 柱形　　　D. 球形　　　E. 圆形

13. 丁字尺由（　　　）组成。

A. 尺头　　　B. 竖尺　　　C. 尺身　　　D. 横尺　　　E. 工作边

14. 关于圆规使用铅芯的硬度规格，下列叙述不正确的是（　　　）。

A. 圆规使用铅芯的硬度规格要比画直线的铅芯软一级

B. 圆规使用铅芯的硬度规格要比画直线的铅芯软二级

C. 圆规使用铅芯的硬度规格要比画直线的铅芯硬一级

D. 圆规使用铅芯的硬度规格要比画直线的铅芯硬二级

E. 圆规使用铅芯的硬度规格要比画直线的铅芯硬三级

15. 用圆规画大圆时，可用加长杆扩大所画圆的半径，不能使针脚和铅笔脚均与纸面保持（　　　）。

A. 平行　　　　　　　　B. 垂直　　　　　　　　C. 倾斜

D. 平行或倾斜   E. 垂直或倾斜

16. 工程上常用的投影法有（   ）。

A. 正投影法   B. 斜投影法   C. 中心投影法   D. 平行投影法

E. 主要投影法

17. 关于中心投影法，下列叙述不正确的是（   ）。

A. 中心投影法是投射线相互平行的投影法

B. 中心投影法是投射线汇交一点的投影法

C. 中心投影法的投射中心位于无限远处

D. 中心投影法的投射中心位于有限远处

E. 中心投影法画出的图形不能反映物体的真实大小

18. 关于平行投影法，下列叙述不正确的是（   ）。

A. 平行投影法是投射线相互平行的投影法

B. 平行投影法是投射线汇交一点的投影法

C. 平行投影法的投射中心位于无限远处

D. 平行投影法的投射中心位于有限远处

E. 平行投影法画出的图形不能反映物体的真实大小

19. 关于正投影法，下列叙述正确的是（   ）。

A. 正投影法的投射线与投影面相垂直

B. 正投影法的投射线与投影面相平行

C. 正投影法的物体与投影面相垂直

D. 正投影法的投射线与物体相垂直

E. 正投影法能够反映物体的真实大小

20. 关于斜投影法，下列叙述正确的是（   ）。

A. 斜投影法的投射线与投影面相垂直

B. 斜投影法的投射线与投影面相平行

C. 斜投影法的投射中心与投影线相垂直

D. 斜投影法的投射线与投影面相倾斜

E. 斜投影法的投射线是相互平行的

21. 关于轴测投影，下列叙述正确的是（   ）。

A. 用平行投影法沿物体不平行于直角坐标平面的方向，投影到轴测投影面上所得到的投影

B. 用平行投影法沿物体平行于直角坐标平面的方向，投影到轴测投影面上所得到

的投影

C. 用平行投影法沿物体不平行于直角坐标平面的方向，投影到平行投影面上所得到的投影

D. 用平行投影法沿物体平行于直角坐标平面的方向，投影到平行投影面上所得到的投影

E. 轴测投影的投射线与投影面相垂直或相倾斜

22. 关于透视投影，下列叙述正确的是(　　　)。

A. 用平行投影法将物体投影到投影面上所得到的投影称为透视投影

B. 用中心投影法将物体投影到投影面上所得到的投影称为透视投影

C. 用正投影法将物体投影到投影面上所得到的投影称为透视投影

D. 用斜投影法将物体投影到投影面上所得到的投影称为透视投影

E. 透视投影画出的图形不能反映物体的真实大小

23. 一张完整的零件图应包括(　　　)。

A. 视图　　　　　B. 明细表　　　　C. 尺寸　　　　D. 技术要求　　　E. 标题栏

24. 零件按结构特点分类不包括(　　　)。

A. 轴套类　　　　B. 齿轮类　　　　C. 螺钉类　　　　D. 标准件类　　　E. 盘盖类

25. 装配图不应包括(　　　)。

A. 视图和尺寸　　　　　　　　B. 连接件的编号

C. 焊接件的符号　　　　　　　D. 标题栏

E. 明细表和零部件序号

26. 装配图的作用是(　　　)。

A. 指导机器的装配　　　　　　B. 表达机器的性能

C. 体现设计思想　　　　　　　D. 反映零件间的装配关系

E. 反映各个零件的详细结构

(二) 鉴定范围：绘制二维图

1. 关于 A 点的投影，下列叙述不正确的是(　　　)。

A. A 点的 V 面投影和 W 面投影的连线垂直于 OX 轴

B. A 点的 V 面投影和 H 面投影的连线垂直于 OX 轴

C. A 点的 W 面投影和 H 面投影的连线垂直于 OX 轴

D. A 点的 V 面投影和 H 面投影的连线垂直于 OY 轴

E. A 点的 V 面投影和 H 面投影的连线垂直于 OZ 轴

2. 下列叙述不正确的是(　　　)。

A. 点 A 到 V 面的距离用 X 坐标表示

B. 点 A 到 V 面的距离用 Y 坐标表示

C. 点 A 到 V 面的距离用 Z 坐标表示

D. 点 A 到 H 面的距离用 X 坐标表示

E. 点 A 到 H 面的距离用 Z 坐标表示

3. 下列叙述正确的是（　　）。

A. W 面的重影点 Y、Z 坐标相同

B. W 面的重影点 X、Z 坐标相同

C. W 面的重影点 X、Y 坐标相同

D. V 面的重影点 X、Y 坐标相同

E. V 面的重影点 X、Z 坐标相同

4. 下列叙述正确的是（　　）。

A. 平行于 W 面的直线称侧平线

B. 平行于 V 面的直线称侧平线

C. 垂直于 H 面的直线称侧垂线

D. 垂直于 W 面的直线称侧垂线

E. 垂直于 V 面的直线称正垂线

5. 直线上的点具有的投影特性是（　　）。

A. 从属性　　　　B. 隶属性　　　　C. 定值性　　　　D. 定量性　　　　E. 定比性

6. 一般位置直线，（　　）。

A. 3 面投影均与投影轴倾斜　　　　B. 3 面投影均与投影轴平行

C. 3 面投影均与投影轴垂直　　　　D. 3 面投影的长度均小于实长

E. 3 面投影的长度均等于实长

7. 关于投影面平行线，下列叙述正确的是（　　）。

A. 正平线平行于 V 面　　　　B. 水平线平行于 H 面

C. 侧平线平行于 W 面　　　　D. 正平线平行于 H 面

E. 水平线平行于 W 面

8. 关于投影面垂直线，下列叙述正确的是（　　）。

A. 正垂线垂直于 V 面　　　　B. 铅垂线垂直于 H 面

C. 侧垂线垂直于 W 面　　　　D. 正垂线垂直于 H 面

E. 铅垂线垂直于 W 面

9. 关于平面的投影，下列叙述正确的是（　　）。

A. 平行于 V 投影面的平面称为正平面

B. 平行于 V 投影面的平面称为水平面

C. 垂直于 H 投影面而与 V、W 投影面都倾斜的平面称为铅垂面

D. 垂直于 H 投影面而与 V、W 投影面都倾斜的平面称为正垂面

E. 平行于 W 投影面的平面称为侧平面

10. 关于一般位置平面，下列叙述正确的是（   ）。

A. 一般位置平面，3 面投影不反映实形　　B. 一般位置平面，2 面投影反映实形

C. 一般位置平面，1 面投影反映实形　　　D. 一般位置平面，3 面投影没有积聚性

E. 一般位置平面，3 面投影反映实形

11. 关于投影面平行面，下列叙述正确的是（   ）。

A. 正平面在 V 面上的投影反映实形　　　B. 水平面在 H 面上的投影反映实形

C. 侧平面在 W 面上的投影反映实形　　　D. 正平面在 H 面上的投影反映实形

E. 水平面在 V 面上的投影反映实形

12. 关于投影面垂直面，下列叙述正确的是（   ）。

A. 正垂面在 V 面投影为直线　　　　　　B. 铅垂面在 H 面投影为直线

C. 侧垂面在 W 面投影为直线　　　　　　D. 铅垂面在 V 面投影为直线

E. 侧垂面在 V 面投影为直线

13. 关于换面法，下列叙述正确的是（   ）。

A. 新投影面的设立必须与某一原投影面垂直

B. 新投影面的设立是任意的

C. 新投影面必须设立为有利于解题的位置

D. 一次换面中，新投影面的设立必须与某一基本投影面垂直

E. 新投影面的设立必须与某一原投影面平行

14. 关于点的投影变换，下列叙述正确的是（   ）。

A. 换面法中，点的新投影到新轴的距离等于点的旧投影到旧轴的距离

B. 换面法中，点的新投影与不变投影的连线必须垂直于新投影轴

C. 换面法中，点的新投影到新轴的距离等于点的旧投影到新轴的距离

D. 换面法中，点的新投影到新轴的距离等于点的旧投影到不变投影的距离

E. 换面法中，点的新投影与不变投影的连线必须平行于新投影轴

15. 关于圆柱截割，下列叙述正确的是（   ）。

A. 截平面与圆柱轴线倾斜时，截交线的形状为椭圆

B. 截平面与圆柱轴线倾斜时，截交线的形状为圆

C. 截平面与圆柱轴线倾斜时，截交线的形状为直线

D. 截平面与圆柱轴线垂直时，截交线的形状为圆

E. 截平面与圆柱轴线垂直时，截交线的形状为椭圆

16. 关于圆锥截割，下列叙述正确的是（　　　）。

A. 截平面与圆锥的所有素线相交时，截交线的形状为椭圆

B. 截平面与圆锥的所有素线相交时，截交线的形状为圆

C. 截平面与圆锥的所有素线相交时，截交线的形状为抛物线

D. 截平面与圆锥的所有素线相交时，截交线的形状为双曲线

E. 截平面过锥顶时，截交线的形状为相交两直线

17. 关于两圆柱相贯，下列叙述正确的是（　　　）。

A. 两圆柱相贯，其轴线正交且直径相等时，相贯线的形状为平面椭圆曲线

B. 两圆柱相贯，其轴线正交且直径相等时，相贯线的形状为平面圆曲线

C. 两圆柱相贯，其轴线正交且直径相等时，相贯线的形状为直线

D. 两圆柱相交，当相贯线的几何形状为平面椭圆曲线时，两圆柱直径相等且轴线一定正交

E. 两圆柱相交，当相贯线的几何形状为平面椭圆曲线时，两圆柱直径相等且轴线一定倾斜

18. 关于圆孔与圆球相贯，下列叙述正确的是（　　　）。

A. 当孔的轴线通过球心且垂直于 W 面贯通于球时，相贯线的侧面投影为圆

B. 当孔的轴线通过球心且垂直于 W 面贯通于球时，相贯线的侧面投影为直线

C. 当孔的轴线通过球心且垂直于 W 面贯通于球时，相贯线的侧面投影为双曲线

D. 一圆孔与球体相贯，当孔的轴线通过球心且垂直于 V 面时，相贯线的水平投影为直线

E. 一圆孔与球体相贯，当孔的轴线通过球心且垂直于 V 面时，相贯线的水平投影为圆

19. 关于分界线的画法，下列叙述正确的是（　　　）。

A. 两个基本体的表面共面时，连接处不画分界线

B. 两个基本体的表面共面时，连接处画分界线

C. 两形体的表面相切时，相切处不画分界线

D. 两形体的表面相切时，相切处画分界线

E. 当与曲面相切的平面或两曲面的公切面垂直于投影面时，在该投影面上要画相切处的投影轮廓线

20. 组合体基本形体表面之间的连接关系可以分为（　　）。

    A. 共面　　　　B. 不共面　　　　C. 相切　　　　D. 相交　　　　E. 相贴

21. 关于看组合体视图的基本方法，下列叙述不正确的是（　　）。

    A. 看组合体视图的基本方法是形体分析法和基本分析法

    B. 看组合体视图的基本方法是形体分析法和线面分析法

    C. 看组合体视图的基本方法是线面分析法和基本分析法

    D. 看组合体视图的基本方法是形体分析法和切割分析法

    E. 看组合体视图的基本方法是切割分析法和基本分析法

22. 组合体的尺寸一般分以下几种（　　）。

    A. 定形尺寸　　B. 定位尺寸　　C. 工序尺寸　　D. 总体尺寸　　E. 装配尺寸

23. 制图标准规定，表达机件外部结构形状的视图有（　　）。

    A. 基本视图　　B. 向视图　　C. 断面图　　D. 斜视图　　E. 局部视图

24. 徒手绘图的应用场合有（　　）。

    A. 设计初始反复比较方案　　　　B. 现场测绘

    C. 大会发言　　　　　　　　　　D. 参观学习或交流讨论

    E. 工作总结

25. 徒手绘图的基本要求是（　　）。

    A. 画图速度要快　　　　　　　　B. 图面质量一般

    C. 目测比例要准　　　　　　　　D. 图面质量要好

    E. 图面质量不作要求

26. 徒手绘图中的线条要求是（　　）。

    A. 方向正确　　　　　　　　　　B. 粗细可以一样

    C. 基本平直　　　　　　　　　　D. 绝对平直

    E. 粗细分明

27. 关于装配图中的两相邻表面，下列叙述正确的是（　　）。

    A. 装配图中构成配合的两相邻表面，无论间隙多大，均画成一条线；非配合的包
      容与被包容表面，无论间隙多小，均画两条线

    B. 装配图中互相接触的两相邻表面需画两条线

    C. 装配图中互相接触的两相邻表面只画一条线

    D. 装配图中非配合的包容与被包容表面只画一条线

    E. 装配图中互相接触的两相邻表面只画三条线

28. 关于装配图中相邻两零件的剖面线，下列叙述正确的是（　　）。

A. 装配图中相邻两零件的剖面线，其倾斜方向应相反

B. 装配图中相邻两零件的剖面线，可以方向一致而间距不同

C. 装配图中相邻两零件的剖面线，其倾斜方向应相同

D. 装配图中相邻两零件的剖面线，可以方向一致间距相同

E. 装配图中相邻两零件的剖面线，可以方向一致而粗细不同

29. 关于装配图中同一零件的剖面线，下列叙述不正确的是（   ）。

A. 装配图中同一零件在同一图样的各剖视图和断面图中的剖面线方向和间距大小要一致

B. 装配图中同一零件在同一图样的各剖视图和断面图中的剖面线间隔距离应不同

C. 装配图中同一零件在同一图样的各剖视图和断面图中的剖面线倾斜方向应相反

D. 装配图中同一零件在同一图样的各剖视图和断面图中的剖面线粗细和间隔大小应不同

E. 装配图中同一零件在同一图样的各剖视图和断面图中的剖面线粗细和倾斜方向应不同

30. 装配图中零件的（   ）等结构可省略不画。

A. 沟槽　　　　B. 凸台　　　　C. 凹坑　　　　D. 倒角　　　　E. 螺纹

31. 装配图中根据需要可注出必要的尺寸有（   ）。

A. 规格、性能尺寸　　　　　　B. 装配尺寸

C. 安装尺寸　　　　　　　　　D. 外形总体尺寸以及其他重要尺寸

E. 工序尺寸

32. 常见的齿轮传动形式有（   ）。

A. 两交错轴之间传动的蜗杆蜗轮

B. 两交错轴之间传动的圆柱齿轮

C. 两相交轴之间传动的圆锥齿轮

D. 两平行轴之间传动的圆柱齿轮

E. 两相交轴之间传动的蜗杆蜗轮

33. 常用的键有（   ）。

A. 普通平键　　B. 半圆键　　C. 钩头楔键　　　D. 圆键　　　　E. 斜键

34. 常用的销有（   ）。

A. 连接销　　　B. 定位销　　C. 开口销　　　　D. 圆锥销　　　E. 圆柱销

35. 常用的弹簧有（   ）。

A. 压缩弹簧　　B. 动力发条　C. 平面蜗卷弹簧　D. 扭转弹簧　　E. 拉伸弹簧

第三节　高级操作技能习题选

一、草绘图形

要求：准确按样图尺寸绘图，删除多余的线条。

1. 习题1

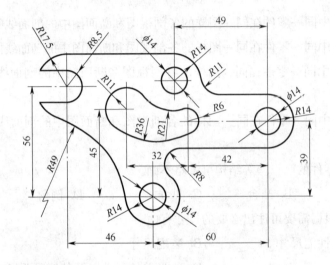

2. 习题2

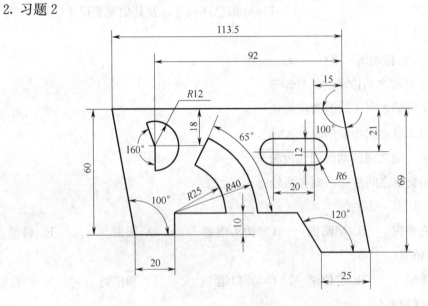

3. 习题 3

4. 习题 4

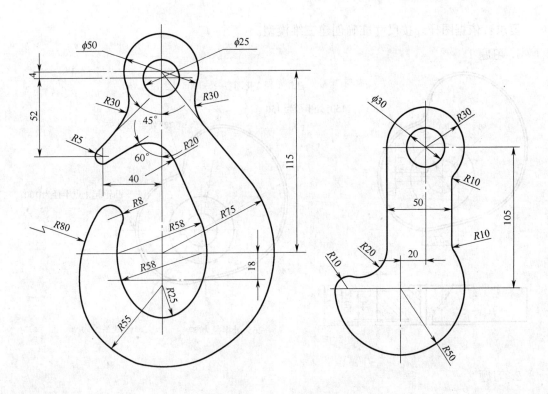

5. 习题 5

6. 习题 6

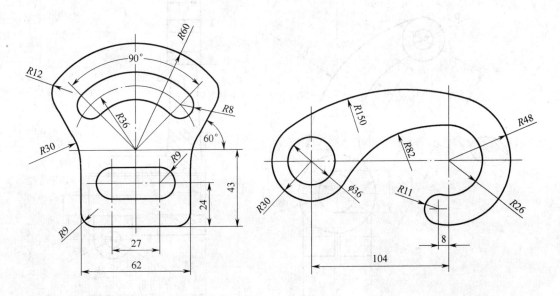

二、创建三维模型

要求：依据图样，按尺寸准确创建三维模型。

1. 习题 1

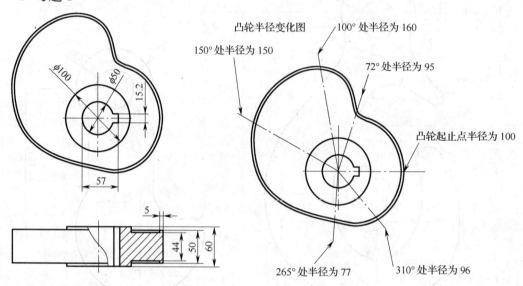

2. 习题 2

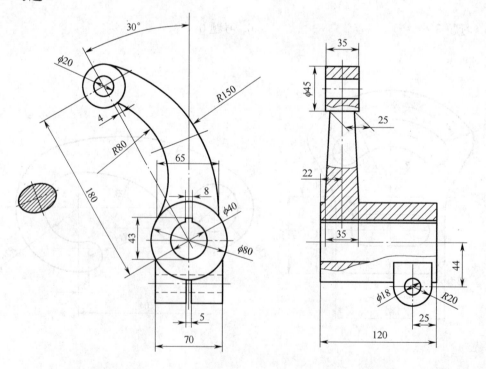

3. 习题 3

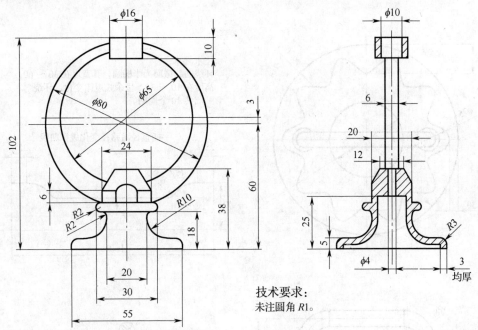

技术要求：
未注圆角 R1。

4. 习题 4

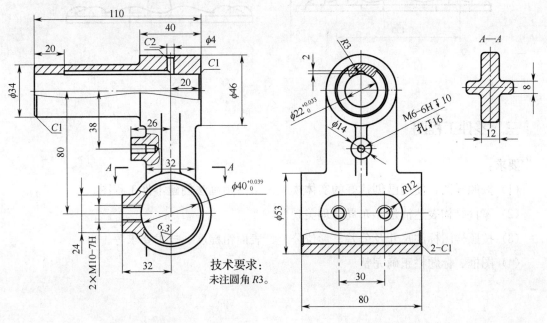

技术要求：
未注圆角 R3。

5. 习题 5

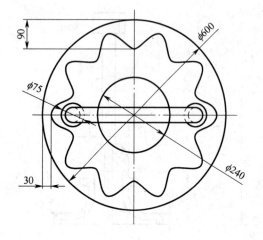

技术要求：
环绕凸起截面为半椭圆，其宽度在 30 ~ 60，
高度在 10 ~ 30，呈余弦规律变化，环绕
一周共 10 个周期。

手柄直径沿路径变化规律曲线

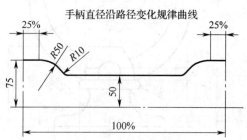

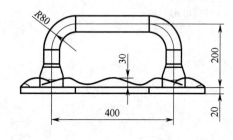

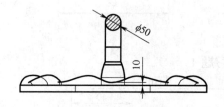

三、零件工程图

要求：

（1）按照样图，使用已创建好的实体模型按第一角画法创建零件工程图。

（2）零件结构表达清楚，布局合理美观。

（3）按照样图标注尺寸及公差、形位公差、表面粗糙度、技术要求等。

（4）图框、标题栏正确完整。

1. 习题1

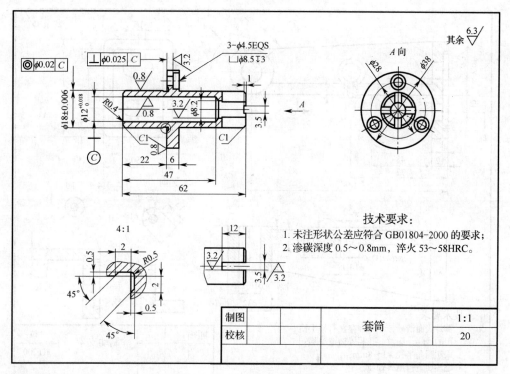

技术要求：
1. 未注形状公差应符合 GB01804-2000 的要求；
2. 渗碳深度 0.5～0.8mm，淬火 53～58HRC。

制图		套筒	1:1
校核			20

2. 习题2

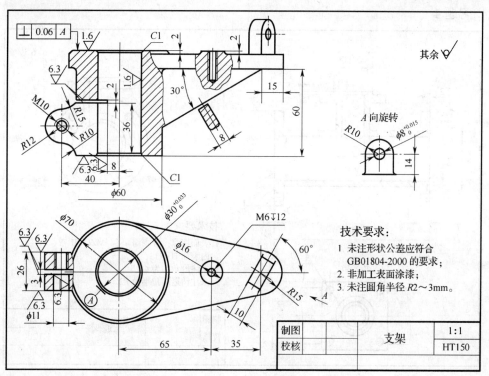

技术要求：
1 未注形状公差应符合 GB01804-2000 的要求；
2. 非加工表面涂漆；
3. 未注圆角半径 R2～3mm。

制图		支架	1:1
校核			HT150

3. 习题 3

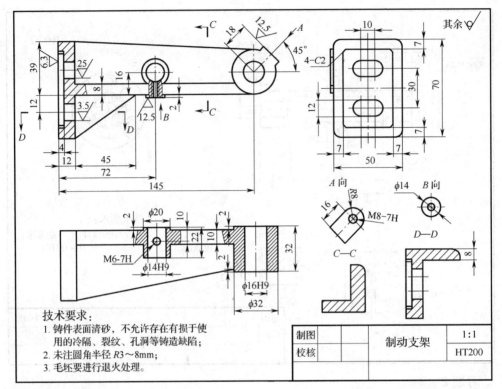

技术要求：
1. 铸件表面清砂，不允许存在有损于使用的冷隔、裂纹、孔洞等铸造缺陷；
2. 未注圆角半径 R3～8mm；
3. 毛坯要进行退火处理。

制图		制动支架	1:1
校核			HT200

4. 习题 4

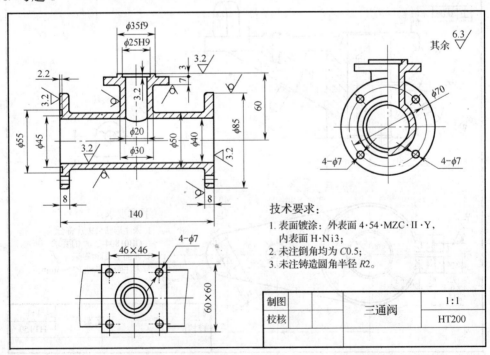

技术要求：
1. 表面镀涂：外表面 4·54·MZC·Ⅱ·Y，内表面 H·Ni3；
2. 未注倒角均为 C0.5；
3. 未注铸造圆角半径 R2。

制图		三通阀	1:1
校核			HT200

5. 习题 5

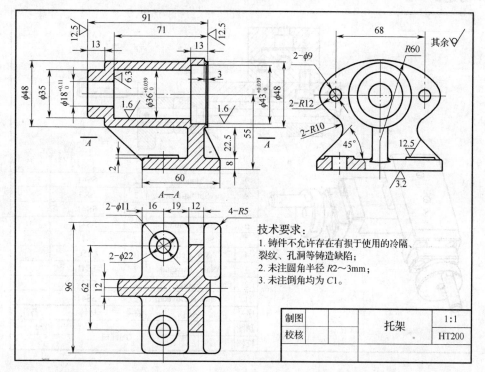

技术要求：
1. 铸件不允许存在有损于使用的冷隔、裂纹、孔洞等铸造缺陷；
2. 未注圆角半径 R2～3mm；
3. 未注倒角均为 C1。

制图		托架	1:1
校核			HT200

四、产品装配

要求：（1）将"装配模型"文件夹内的零件模型按图样进行装配。

（2）装配位置、装配关系要正确。

1. 习题 1

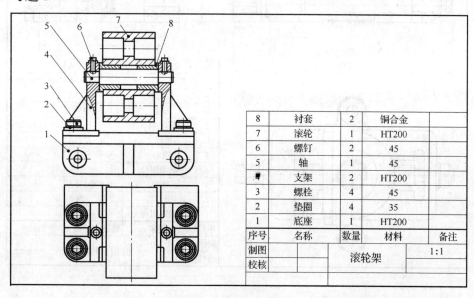

8	衬套	2	铜合金	
7	滚轮	1	HT200	
6	螺钉	2	45	
5	轴	1	45	
4	支架	2	HT200	
3	螺栓	4	45	
2	垫圈	4	35	
1	底座	1	HT200	
序号	名称	数量	材料	备注
制图		滚轮架		1:1
校核				

2. 习题2

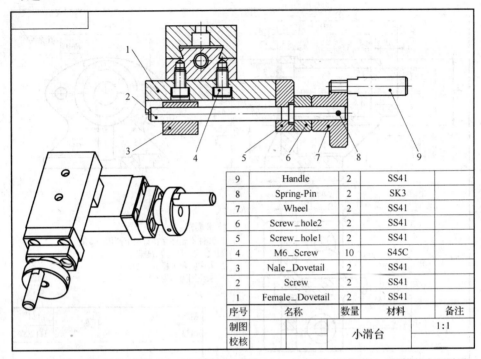

9	Handle	2	SS41	
8	Spring-Pin	2	SK3	
7	Wheel	2	SS41	
6	Screw_hole2	2	SS41	
5	Screw_hole1	2	SS41	
4	M6_Screw	10	S45C	
3	Nale_Dovetail	2	SS41	
2	Screw	2	SS41	
1	Female_Dovetail	2	SS41	
序号	名称	数量	材料	备注
制图			小滑台	1:1
校核				

3. 习题3

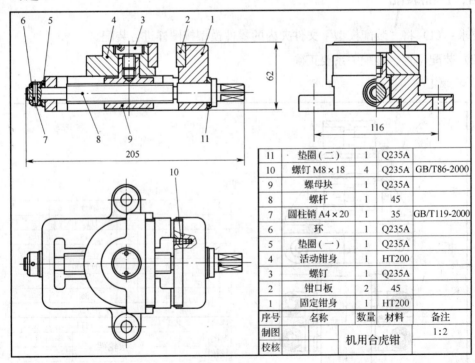

11	垫圈（二）	1	Q235A	
10	螺钉 M8×18	4	Q235A	GB/T86-2000
9	螺母块	1	Q235A	
8	螺杆	1	45	
7	圆柱销 A4×20	1	35	GB/T119-2000
6	环	1	Q235A	
5	垫圈（一）	1	Q235A	
4	活动钳身	1	HT200	
3	螺钉	1	Q235A	
2	钳口板	2	45	
1	固定钳身	1	HT200	
序号	名称	数量	材料	备注
制图			机用台虎钳	1:2
校核				

4. 习题 4

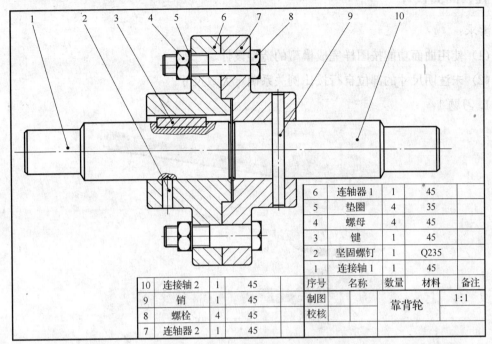

6	连轴器1	1	45	
5	垫圈	4	35	
4	螺母	4	45	
3	键	1	45	
2	坚固螺钉	1	Q235	
1	连接轴1	1	45	
序号	名称	数量	材料	备注

10	连接轴2	1	45		序号	名称	数量	材料	备注
9	销	1	45		制图		靠背轮		1:1
8	螺栓	4	45		校核				
7	连轴器2	1	45						

5. 习题 5

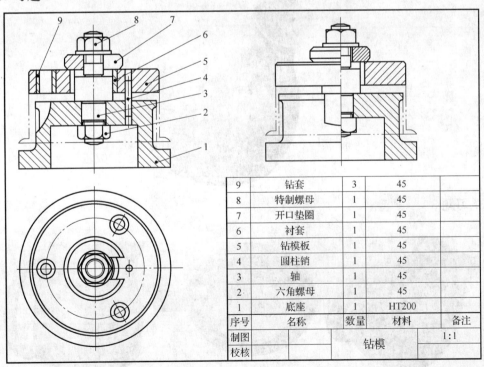

9	钻套	3	45	
8	特制螺母	1	45	
7	开口垫圈	1	45	
6	衬套	1	45	
5	钻模板	1	45	
4	圆柱销	1	45	
3	轴	1	45	
2	六角螺母	1	45	
1	底座	1	HT200	
序号	名称	数量	材料	备注
制图		钻模		1:1
校核				

五、曲面设计

要求：

（1）使用曲面功能按图样完成模型的造型设计。

（2）未注明尺寸的部位自行按比例关系确定大致尺寸。

1. 习题 1

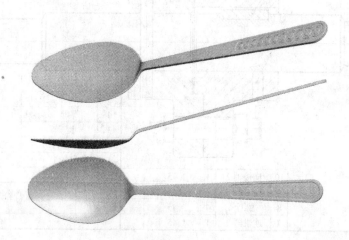

2. 习题 2

3. 习题 3

4. 习题 4

5. 习题 5

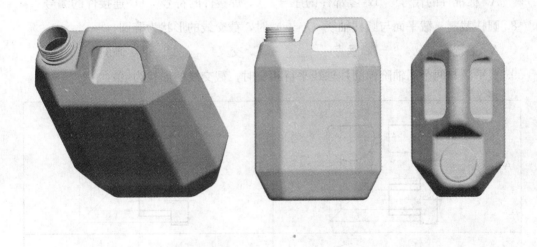

第四节 模 拟 试 卷

一、高级理论知识模拟试卷（1）

（一）单项选择题：共 50 分，每题 1 分（请从备选项中选取一个正确答案填写在括号中。错选、漏选、多选均不得分，也不反扣分）

1. 职业道德是社会道德的重要组成部分，是（　　）和规范在职业活动中的具体化。

　　A. 社会道德原则　　　B. 企业制度　　　　C. 道德观念　　　　D. 工作要求

2. 制图国家标准规定，必要时图纸幅面尺寸可以沿（　　）边加长。

　　A. 长　　　　　　　　B. 短　　　　　　　C. 斜　　　　　　　D. 各

3. 两虚线相交时，应使（ ）相交。

    A. 线段与线段   B. 间隙与间隙   C. 线段与间隙   D. 间隙与线段

4. 尺寸线终端形式有箭头和（ ）两种形式。

    A. 圆点   B. 圆圈   C. 直线   D. 斜线

5. 对球面标注尺寸时，一般应在 Φ 或 R 前加注"（ ）"。

    A. S B. 球   C. Φ D. R

6. 平行投影法的投射中心位于（ ）处。

    A. 有限远   B. 无限远   C. 投影面   D. 投影物体

7. 一张完整的装配图应包括一组视图、必要的尺寸、技术要求、（ ）和标题栏以及明细表。

    A. 标准件的代号   B. 零部件的序号   C. 焊接件的符号   D. 连接件的编号

8. 圆柱截割，截平面与圆柱轴线（ ）时，截交线的形状为椭圆。

    A. 平行   B. 垂直   C. 交叉   D. 倾斜

9. 截平面与两个同轴阶梯圆柱轴线平行相交时，截交线的形状为（ ）。

10. 两圆柱相交，当相贯线的几何形状为平面椭圆曲线时，两圆柱直径相等且轴线一定（ ）。

    A. 平行   B. 垂直   C. 正交   D. 倾斜

11. 圆锥与圆球相贯（圆锥轴线通过球心），相贯线的几何形状为（ ）。

    A. 双曲线   B. 直线   C. 圆   D. 椭圆

12. 当两个不同直径的圆柱轴线正交相贯时，其相贯线上的特殊点有（ ）。

A. 四个　　　　　B. 两个　　　　　C. 一个　　　　　D. 三个

13. 两个基本体的表面共面时，连接处（　　）分界线。

A. 不画　　　　　B. 画　　　　　C. 产生　　　　　D. 存在

14. 组合体基本形体之间的相对位置，平面与平面的连接关系为（　　）。

A. 不共面　　　　B. 内切　　　　C. 外切　　　　D. 相贴

15. 看组合体视图时，一般是用（　　）即可看懂，遇到疑难问题时再用线面分析法分析线面的性质和形成过程，从而将视图全部看懂。

A. 形体分析法　　B. 切割分析法　　C. 组合分析法　　D. 基本分析法

16. 面基准常选择零件上较大的（　　）。

A. 加工面　　　　B. 点　　　　　C. 线　　　　　D. 未加工面

17. 根据机件的轴测图画视图的步骤是：形体分析、（　　）、定比例、选图幅、画视图底稿。

A. 线面分析　　　B. 结构分析　　C. 选择视图　　D. 画定位线

18. 向视图是一种（　　）配置的基本视图。

A. 在规定位置　　　　　　　　B. 移位

C. 在右视图的左边　　　　　　D. 在左视图的右边

19. 局部视图是将机件的某一部分向（　　）投影所得的视图。

A. 正投影面　　　　　　　　　B. 斜投影面

C. 基本投影面　　　　　　　　D. 水平投影面

20. 按制图标准规定，表示斜视图名称的大写（　　）应靠近旋转符号的箭头端。

A. 英文字母　　　B. 拉丁字母　　C. 欧拉字母　　D. 拼音字母

21. 画斜剖视图时，最好配置在（　　）所指的方向，并符合投影关系。

A. 投影　　　　　B. 剖切面　　　C. 剖切位置　　D. 箭头

22. 局部剖视图中，剖与不剖部分常以波浪线分界，如遇孔、槽时，波浪线（　　）穿空而过。

A. 可以　　　　　B. 不能　　　　C. 允许　　　　D. 能

23. 用几个平行的剖切平面剖切机件画剖视图时，不应出现（　　）的结构要素。

A. 完整　　　　　B. 齐全　　　　C. 剖切　　　　D. 不完整

24. 在剖视图中，机件上的肋、轮辐、薄壁等，如按（　　）剖切，这些结构都不画剖面符号，而用粗实线将它们与其邻接部分分开。

A. 横向　　　　　B. 纵向　　　　C. 平行　　　　D. 垂直

25. 参照物体轴测图和已知视图，正确补画的视图是（　　）。

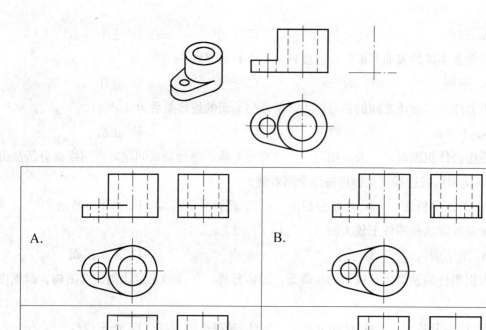

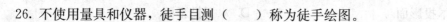

26. 不使用量具和仪器，徒手目测（　　）称为徒手绘图。

　　A. 剪贴图样　　　　B. 复制图样　　　　C. 绘制图样　　　　D. 临摹图样

27. 徒手绘图的基本要求是画图速度要快、（　　）、图面质量要好。

　　A. 测量尺寸要准　　　　　　　　B. 测量尺寸要快

　　C. 目测比例要快　　　　　　　　D. 目测比例要准

28. （　　）时，应在方格纸上进行，以便训练图线画的平直和借助方格线确定图形的比例。

　　A. 初学徒手绘图　　　　　　　　B. 绘制零件清图

　　C. 绘制装配图　　　　　　　　　D. 绘制部件图

29. （　　）时，手指应握在距铅笔笔尖约 35 mm 处，手腕和小手指对纸面的压力不要太大。

　　A. 徒手绘图　　　　B. 绘制清图　　　　C. 微机绘图　　　　D. 书写字体

30. （　　）长斜线时，为了运笔方便，可将图纸旋转到适当角度，使它转成水平方向位置来画。

A. 徒手画　　　　　　　　　　B. 用三角板画

C. 用计算机画　　　　　　　　D. 用丁字尺

31. 徒手画直径很大圆时，可（　　），以小手指的指尖或关节作圆心，使铅笔与它的距离等于所需的半径，用另一只手小心地慢慢转动图纸，即可得到所需的圆。

A. 用手作圆规　　B. 用手画大圆　　C. 用手作直尺　　D. 用图形描圆

32. 徒手画椭圆时，先画出椭圆的长短轴，并用（　　）定出其4个端点的位置，再过这4个端点画一矩形，然后徒手作椭圆与此矩形相切。

A. 度量的方法　　B. 目测的方法　　C. 计算的方法　　D. 图解的方法

33. 对较小物体（　　）时，可用铅笔直接放在实物上测定各部分的大小，然后按测定的大小画出草图。

A. 加工　　　　　B. 目测　　　　　C. 检验　　　　　D. 包装

34. 使用UG NX顺序堆叠多个子窗口，正确的操作是（　　）。

A. 点击"窗口"菜单中的"新建窗口"命令

B. 点击"窗口"菜单中的"层叠"命令

C. 点击"窗口"菜单中的"横向平铺"命令

D. 点击"窗口"菜单中的"纵向平铺"命令

35. UG NX草图中尺寸约束不包括（　　）。

A. 竖直　　　　　B. 平行　　　　　C. 角度　　　　　D. 对称

36. 装配图中根据需要可注出五种必要的尺寸：规格、性能尺寸，装配尺寸，安装尺寸，（　　）尺寸，其他重要尺寸。

A. 外形总长　　　B. 外形总宽　　　C. 外形总高　　　D. 外形总体

37. 画装配图的步骤一般为了解分析装配体、（　　）、具体进行画图三大步。

A. 确定表达方案　　　　　　　B. 确定主视图方向

C. 确定其他视图　　　　　　　D. 确定图纸幅面

38. 常见的齿轮传动形式有用于两平行轴之间传动的（1）、用于两相交轴之间传动的（2）和用于两交错轴之间传动的（3）三种。下列答案正确的是（　　）。

A. 1圆锥齿轮 2圆柱齿轮 3蜗杆蜗轮

B. 1圆柱齿轮 2蜗杆蜗轮 3圆锥齿轮

C. 1圆柱齿轮 2圆锥齿轮 3蜗杆蜗轮

D. 1蜗杆蜗轮 2圆锥齿轮 3圆柱齿轮

39. （　　）是用来连接轴和装在轴上的传动零件，起传递转矩的作用。

A. 键　　　　　　B. 销　　　　　　C. 轮　　　　　　D. 盘

40. 在正等轴测投影中，三个轴向伸缩系数（　　　）。

　　A. 不同　　　　　　B. 相同　　　　　　C. 两个相同　　　　D. 任意

41. 在 *XOZ* 平面上椭圆的短轴一般与（　　　）轴重合。

　　A. *X*　　　　　　　B. *Y*　　　　　　　C. *Z*　　　　　　　D. 任意

42. 画组合体的正等轴测图，一般采用（　　　）。

　　A. 旋转法.　　　　　B. 辅助平面法　　　C. 叠加法　　　　　D. 辅助线法

43. 常用的画轴测剖视图的方法之一是先画（　　　）再作剖视。

　　A. 三视图　　　　　B. 断面　　　　　　C. 轴测图　　　　　D. 外形

44. 轴测剖视图的断面应画出剖面线，（　　　）于不同坐标面的断面，剖面线的方向各不相同。

　　A. 垂直　　　　　　B. 倾斜　　　　　　C. 相交　　　　　　D. 平行

45. 画带有圆角的底板的正等轴测图，先画出底板的（　　　）。

　　A. 三视图　　　　　B. 正等轴测图　　　C. 正二测图　　　　D. 俯视图

46. UG NX 中，建模基准不包括（　　　）。

　　A. 基准坐标系　　　B. 基准线　　　　　C. 基准面　　　　　D. 基准轴

47. UG NX 在进行布尔运算操作时，有两种类型的体对象（　　　）。

　　A. 实体和片体　　　　　　　　　　　B. 目标体和工具体

　　C. 目标体和实体　　　　　　　　　　D. 片体和工具体

48. （　　　）是一种不采用装配工序而制成的单一成品。

　　A. 常用件　　　　　B. 外购件　　　　　C. 产品　　　　　　D. 零件

49. 凡是绘制了视图、编制了（　　　）的图纸称为图样。

　　A. 技术要求　　　　B. 技术说明　　　　C. 技术等级　　　　D. 公差配合

50. 通用件的编号应参照（　　　）5054.8—2000 或按企业标准的规定。

　　A. ISO　　　　　　B. GB　　　　　　　C. JB/T　　　　　　D. TH

（二）多项选择题：共 20 分，每题 1 分（请从备选项中选取正确答案填写在括号中。错选、漏选均不得分，也不反扣分）

51. 制图国家标准规定，字体高度的公称尺寸系列为：1.8，2.5，3.5，5，7，（　　　）。

　　A. 9　　　　　　　　B. 10　　　　　　　C. 12　　　　　　　D. 14

　　E. 20

52. 机械图样中常用的图线线型有（　　　）等。

　　A. 粗实线　　　　　B. 轨迹线　　　　　C. 边框线　　　　　D. 细实线

　　E. 波浪线

53. 标注（　　）尺寸时，不应在尺寸数字前加注符号"R"。

A. 圆弧的半径　　　　　　　　B. 圆弧的直径

C. 圆球的半径　　　　　　　　D. 圆球的直径

E. 圆环的直径

54. 铅笔的铅芯削磨形状有（　　）。

A. 锥形　　　　B. 矩形　　　　C. 柱形　　　　D. 球形

E. 圆形

55. 用圆规画大圆时，可用加长杆扩大所画圆的半径，不能使针脚和铅笔脚均与纸面保持（　　）。

A. 平行　　　　B. 垂直　　　　C. 倾斜　　　　D. 平行或倾斜

E. 垂直或倾斜

56. 关于正投影法，下列叙述正确的是（　　）。

A. 正投影法的投射线与投影面相垂直

B. 正投影法的投射线与投影面相平行

C. 正投影法的物体与投影面相垂直

D. 正投影法的投射线与物体相垂直

E. 正投影法能够反映物体的真实大小

57. 一张完整的零件图应包括（　　）。

A. 视图　　　　B. 明细表　　　　C. 尺寸　　　　D. 技术要求

E. 标题栏

58. 装配图的作用是（　　）。

A. 指导机器的装配　　　　　　B. 表达机器的性能

C. 体现设计思想　　　　　　　D. 反映零件间的装配关系

E. 反映各个零件的详细结构

59. 下列叙述正确的是（　　）。

A. 点 A 到 W 面的距离用 X 坐标表示

B. 点 A 到 W 面的距离用 Y 坐标表示

C. 点 A 到 W 面的距离用 Z 坐标表示

D. 点 A 到 H 面的距离用 X 坐标表示

E. 点 A 到 H 面的距离用 Z 坐标表示

60. 下列叙述正确的是（　　）。

A. 平行于 W 面的直线称侧平线　　　　B. 平行于 V 面的直线称侧平线

C. 垂直于 H 面的直线称侧垂线　　　D. 垂直于 W 面的直线称侧垂线

E. 垂直于 V 面的直线称正垂线

61. 一般位置直线，（　　　）。

A. 3 面投影均与投影轴倾斜　　　　B. 3 面投影均与投影轴平行

C. 3 面投影均与投影轴垂直　　　　D. 3 面投影的长度均小于实长

E. 3 面投影的长度均等于实长

62. 关于平面的投影，下列叙述正确的是（　　　）。

A. 平行于 V 投影面的平面称为正平面

B. 平行于 V 投影面的平面称为水平面

C. 垂直于 H 投影面而与 V、W 投影面都倾斜的平面称为铅垂面

D. 垂直于 H 投影面而与 V、W 投影面都倾斜的平面称为正垂面

E. 平行于 W 投影面的平面称为侧平面

63. 关于点的投影变换，下列叙述不正确的是（　　　）。

A. 换面法中，点的新投影到新轴的距离等于点的旧投影到新轴的距离

B. 换面法中，点的新投影与不变投影的连线必须垂直于新投影轴

C. 换面法中，点的新投影到新轴的距离等于点的旧投影到新投影的距离

D. 换面法中，点的新投影到新轴的距离等于点的旧投影到不变投影的距离

E. 换面法中，点的新投影与不变投影的连线必须垂直于旧投影轴

64. 关于圆锥截割，下列叙述正确的是（　　　）。

A. 截平面与圆锥中心轴线平行时，截交线的形状为椭圆

B. 截平面与圆锥中心轴线平行时，截交线的形状为双曲线

C. 截平面与圆锥中心轴线平行时，截交线的形状为圆

D. 截平面与圆锥中心轴线平行时，截交线的形状为抛物线

E. 截平面与圆锥中心轴线垂直时，截交线的形状为圆

65. 看组合体视图的基本方法有（　　　）。

A. 基本分析法　　　B. 组合分析法　　　C. 切割分析法　　　D. 线面分析法

E. 形体分析法

66. 制图标准规定，表达机件外部结构形状的视图有（　　　）。

A. 基本视图　　　　B. 向视图　　　　C. 断面图　　　　D. 斜视图

E. 局部视图

67. 徒手绘图中的线条要求是（　　　）。

A. 方向正确　　　B. 粗细可以一样　　C. 基本平直　　　D. 绝对平直

E. 粗细分明

68. 装配图中根据需要可注出必要的尺寸有（　　　）。

A. 规格、性能尺寸　　　　　　　　B. 装配尺寸

C. 安装尺寸　　　　　　　　　　　D. 外形总体尺寸以及其他重要尺寸

E. 工序尺寸

69. 常用的键有（　　　）。

A. 普通平键　　　B. 半圆键　　　C. 钩头楔键　　　D. 圆键

E. 斜键

70. 常用的弹簧有（　　　）。

A. 压缩弹簧　　　B. 动力发条　　　C. 平面蜗卷弹簧　　　D. 扭转弹簧

E. 拉伸弹簧

（三）判断题：共30分，每题1分（正确的打"√"，错误的打"×"。错答、漏答均不得分，也不反扣分）

71. 讲究质量就是要做到自己绘制的每一张图纸都能符合图样的规定和产品的要求，为生产提供可靠的依据。（　　　）

72. 遵纪守法是指制图员要遵守职业纪律和职业活动的法律、法规，保守国家机密，不泄露企业情报信息。（　　　）

73. 铅芯削磨形状为矩形的铅笔用于写字和画细线。（　　　）

74. 用圆规画大圆时，可用加长杆扩大所画圆的半径，使针脚和铅笔脚均与纸面保持平行。（　　　）

75. 一个典型的微型计算机绘图系统可以没有图形输出设备。（　　　）

76. 一张完整的零件图应包括视图、尺寸、技术要求和标题栏。（　　　）

77. A 点的 V 面投影和 W 面投影的连线垂直于 OX 轴。（　　　）

78. 根据两点的 Y 坐标，可以判别两点间的前后位置。（　　　）

79. 点在直线上，点的各投影一定在直线的同名投影上。（　　　）

80. 水平线的水平投影反映 β、γ 的实角。（　　　）

81. 垂直于一个投影面而与另外两个投影面都倾斜的平面称为投影面垂直面。（　　　）

82. 侧平面的 V 面投影反映实形。（　　　）

83. 换面法中，新投影面的设立必须与某一原投影面垂直。（　　　）

84. 换面法中求一般位置直线对 H 投影面的倾角时，新投影轴应平行于直线的正面投影。（　　　）

85. 求一般位置平面对 V 投影面的倾角时，须先在该平面内作一条水平线，新投影轴要

垂直于水平线。 （　　）

86. 对较大物体目测时，人的位置保持不动，手臂向前伸直，手握铅笔进行目测度量。人和物体的距离大小，应根据所需图形的大小来确定。 （　　）

87. 徒手绘制组合体时，要先分析它由哪几个部分组成、各部分的组合方式及它们的相对位置，然后再逐个画出各组成部分。 （　　）

88. UG NX中，要添加的草图曲线必须预先建立在草图中，可以是非草图曲线。

（　　）

89. 装配图中同一零件在同一图样的各剖视图和断面图中的剖面线方向和间距大小要一致。 （　　）

90. 装配图中紧固件被剖切平面通过其对称平面或轴线横向剖切时，这些零件按不剖绘制。 （　　）

91. 装配图中假想画法是用双点画线画出某相邻零部件的轮廓线，以表示某部件与该相邻零部件的装配关系。 （　　）

92. 装配图中零件的倒角、圆角、凹坑、凸台、沟槽、滚花、刻线及其他细节也必须要画。 （　　）

93. 形位公差中基准符号由基准字母、圆圈、粗的短横线和连线组成。 （　　）

94. 二维装配图比轴测装配图更容易理解。 （　　）

95. 画分解式轴测装配图，就是按顺序依次画出一个个零件的轴测图。 （　　）

96. 整体与分解相结合的画法是轴测装配图的画法之一。 （　　）

97. 画轴测装配剖视图，一般用水平和垂直的剖切面将装配体剖开。 （　　）

98. UG NX中，修剪体常用于利用一个自由曲面去修剪实体模型，从而在模型实体上获得一个曲面形表面。 （　　）

99. 分类编号其代号的基本部分由分类号、特性号和识别号三部分组成，中间以分号或短横线分开。 （　　）

100. 图样和文件的编号应与企业计算机辅助管理分类编号要求相协调。 （　　）

二、高级理论知识模拟试卷（2）

（一）单项选择题：共50分，每题1分（请从备选项中选取一个正确答案填写在括号中。错选、漏选、多选均不得分，也不反扣分）

1.（　　）是指一个人在政治思想、道德品质、知识技能等方面所具有的水平。

    A. 基本素质   B. 讲究公德   C. 职业道德   D. 个人信誉

2. 目前，在机械图样中仍采用 GB4457.4—2002 中规定的（　　）种线型。

A. 4　　　　　　　　B. 6　　　　　　　　C. 9　　　　　　　　D. 10

3. 物体的真实大小应以图样中（　　）为依据，与图形的大小及绘图的准确度无关。

　　A. 所注尺寸数值　　B. 所画图样形状　　C. 所标绘图比例　　D. 所加文字说明

4. 对圆弧标注半径尺寸时，尺寸线应由圆心引出，（　　）指到圆弧上。

　　A. 尺寸线　　　　　B. 尺寸界线　　　　C. 尺寸箭头　　　　D. 尺寸数字

5. 标注（　　）时，尺寸数字一律水平写，尺寸界线沿径向引出，尺寸线画成圆弧，圆心是角的顶点。

　　A. 角度尺寸　　　　B. 线性尺寸　　　　C. 直径尺寸　　　　D. 半径尺寸

6. 平行投影法中的（　　）相垂直时，称为正投影法。

　　A. 物体与投影面　　　　　　　　　B. 投射线与投影面

　　C. 投射中心与投影线　　　　　　　D. 投射线与物体

7. （　　）不是装配图的作用。

　　A. 反映各个零件的详细结构　　　　B. 指导安装、调整、维护和使用

　　C. 表示机器性能、结构、工作原理　D. 体现设计人员的设计思想

8. 圆锥截割，截交线的形状为（　　）时，截平面与圆锥面的所有素线相交。

　　A. 圆　　　　　　　B. 椭圆　　　　　　C. 双曲线　　　　　D. 抛物线

9. 同轴的圆柱、圆锥组合体被平行于轴线的平面所截，截交线画法正确的是（　　）。

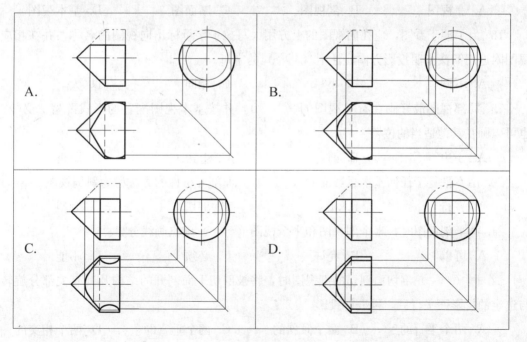

10. 求圆柱与圆锥的相贯线时（圆柱与圆锥轴线正交），辅助平面的选取应（　　）圆

锥轴线。

  A. 斜交   B. 包含   C. 平行于   D. 垂直于

11. 圆锥与四棱柱相贯（同轴）时，相贯线的几何形状为（ ）双曲线。

  A. 三条   B. 四条   C. 一条   D. 两条

12. 一般情况下，圆柱与圆锥轴线正交相贯，相贯线应向（ ）方向弯曲。

  A. 直径大的轴线   B. 直径小的轴线

  C. 直径大的转向线   D. 直径小的转向线

13. 两形体的表面相交时，连接处（ ）分界线。

  A. 不画   B. 不存在   C. 不产生   D. 画

14. 看组合体视图的基本方法是形体分析法和（ ）。

  A. 切割分析法 B. 组合分析法 C. 基本分析法 D. 线面分析法

15. 封闭尺寸链是指首尾相连接封闭的（ ）尺寸。

  A. 一组   B. 两组   C. 三组   D. 四组

16. 选择一组视图，表达组合体的基本要求是既制图简便，又（ ）。

  A. 看图方便 B. 有视图数量 C. 表达简练 D. 要画剖视图

17. 制图标准规定，表达机件外部结构形状的视图有（ ）、向视图、局部视图和斜视图。

  A. 三视图   B. 剖视图   C. 断面图   D. 基本视图

18. 为了便于看图，应在向视图的上方用大写拉丁字母标出向视图的名称，并在相应的视图附近用箭头指明投影方向，注上（ ）的字母。

  A. 不同   B. 小写   C. 相同   D. 大写

19. 局部视图最好画在有关视图的（ ），并按基本视图配置的形式配置。必要时，也可以画在其他适当的位置。

  A. 一边   B. 前边   C. 上边   D. 附近

20. 用不平行于任何基本投影面的（ ）平面剖开机件的方法称为斜剖视图。

  A. 平行   B. 相交   C. 剖切   D. 倾斜

21. 画半剖视图时，半个剖视图和半个视图（ ）细点画线分界。

  A. 可以   B. 允许   C. 必须   D. 不能

22. 画（ ）剖切面剖切的剖视图时，将被剖切平面剖开的结构及其有关部分旋转到与选定的投影面平行后，再进行投影。

  A. 两个平行的 B. 两个倾斜的 C. 两个垂直的 D. 两个相交的

23. 画移出断面图时，当剖切平面通过回转面形成的孔或（ ）的轴线时，这些结构应按剖视图绘制。

    A. 凸台   B. 锥面   C. 球面   D. 凹坑

24. 当机件回转体上均匀分布的（   ）等结构不处于剖切平面时，可将这些结构旋转到剖切平面上画出。

    A. 圆柱、圆孔、肋   B. 圆球、轮辐、孔

    C. 肋、轮辐、孔   D. 肋、长方体、薄壁

25. 已知物体的主视图，正确的断面图是（   ）。

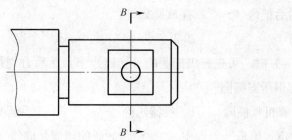

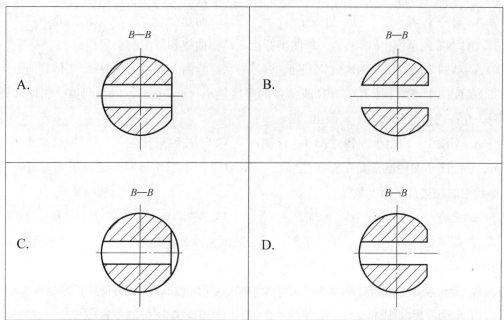

26. 徒手绘图常用于设计初始反复比较方案、（   ）、参观学习或交流讨论等场合。

    A. 绘制清图   B. 讨论尺寸   C. 现场采访   D. 现场测绘

27. 徒手绘图中的线条要（   ）、基本平直、方向正确。

    A. 粗细分明   B. 粗细一样   C. 先粗后细   D. 先细后粗

28. 徒手绘图所使用的铅笔的铅芯应磨成（   ）。

    A. 圆锥形   B. 圆柱形   C. 圆球形   D. 圆铲形

29.（   ）直线时，眼睛应多看终点，不要盯着笔尖或已画出的线段。

    A. 徒手画　　　　　B. 用直尺画　　　　　C. 用直线笔画　　　　　D. 用计算机画

30.（   ）画圆时，先画出中心线，在中心线上用半径长度量出四点，然后连四点画圆。

    A. 徒手　　　　　　B. 用圆规　　　　　　C. 用曲线板　　　　　　D. 用计算机

31. 徒手画圆角时，先用目测在直角边的分角线上选取圆心位置，使它与角的两边的距离等于圆角的半径大小，过圆心向两边引垂直线定出圆弧的起止点，并在分角线上也定出一个圆周点，然后把这（   ）连成圆弧即可。

    A. 1个点　　　　　B. 2个点　　　　　C. 3个点　　　　　D. 4个点

32.（   ）时，可先画出椭圆的外切四边形，然后分别用徒手方法作两钝角及两锐角的内切弧，即得所需椭圆。

    A. 计算机画椭圆　　B. 仪器画椭圆　　　C. 徒手画椭圆　　　D. 描图画椭圆

33. UG NX "编辑" 菜单中，"撤销" 命令的功能是取消（   ）命令操作。

    A. 前一个　　　　　B. 后一个　　　　　C. 前几个　　　　　D. 后几个

34. UG NX 的草图由（   ）、草图坐标系、草图曲线和草图约束等组成。

    A. 草图平面　　　　B. 基准平面　　　　C. 绘图平面　　　　D. 实体表面

35. 装配图中当图形上孔的直径或薄片的厚度较小（≤2mm），以及间隙、斜度和锥度较小时，允许将该部分（   ）画出。

    A. 不按1∶1比例　　B. 按1∶1比例　　　C. 不按原来比例　　D. 按原来比例

36. 装配图明细栏通常画在标题栏（   ），自下而上顺序填写，如位置不够时，可紧靠在标题栏的左边自下而上延续。

    A. 上方　　　　　　B. 下方　　　　　　C. 左方　　　　　　D. 右方

37. 阅读装配图的步骤为：概括了解；了解装配关系和工作原理；分析零件，读懂零件结构形状；（   ）。

    A. 分析尺寸，了解技术要求　　　　　　　B. 分析安装，了解使用要求

    C. 全面看懂装配体　　　　　　　　　　　D. 由装配图拆画零件图

38. 在剖视图中，当剖切平面通过两啮合齿轮轴线时，在啮合区内，将一个齿轮的轮齿用粗实线绘制，另一个齿轮的轮齿被遮挡的部分用（   ）绘制。

    A. 粗实线　　　　　B. 细实线　　　　　C. 虚线　　　　　　D. 点画线

39. 在正等轴测投影中，直线的投影长度与原长度之比是（   ）。

    A. 等长　　　　　　B. 变长　　　　　　C. 变短　　　　　　D. 任意

40. 三个轴的轴向简化系数为1的是（   ）。

A. 正轴测投影　　　　B. 正等轴测投影　　　　C. 斜轴测投影　　　　D. 斜二轴测投影

41.（　　）的正等测画法，可根据其直径 d 和高度 h 作出两个大小完全相同、中心距为 h 的两个椭圆，然后作出它们的公切线即成。

A. 圆柱　　　　　　　B. 圆台　　　　　　　C. 圆锥　　　　　　　D. 长方体

42. 轴测剖视图是假想用两个互相（　　）的剖切平面将物体剖开然后画轴测剖视图。

A. 平行　　　　　　　B. 垂直　　　　　　　C. 相交　　　　　　　D. 斜交

43. 用先画断面形状再画投影法画组合体的正等轴测剖视图，可先在（　　）上分别画出两个方向的断面。

A. 投影面　　　　　　B. 坐标面　　　　　　C. 轴测轴　　　　　　D. 三视图

44. 在轴测剖视图上，当剖切平面通过（　　）等结构的纵向对称平面时，断面上不画剖面线。

A. 孔　　　　　　　　B. 底板　　　　　　　C. 肋板　　　　　　　D. 切割体

45. UG NX 中，"裁剪曲线"命令可以裁剪掉一段曲线，而不会影响曲线之间的（　　）关系。

A. 相切　　　　　　　B. 相交　　　　　　　C. 垂直　　　　　　　D. 关联

46. UG NX 创建圆柱体设计特征时，可以用（　　）以及"圆弧和高度"两种参数方式来建立特征。

A. "轴，直径和高度"　　　　　　　　　B. "底圆和高度"

C. "轴和素线"　　　　　　　　　　　　D. "底圆和轴"

47. 产品是生产企业向用户或市场以商品形式提供的（　　）。

A. 合格品　　　　　　B. 处理品　　　　　　C. 半制成品　　　　　D. 制成品

48. 通用件是在不同类型或同类型不同规格的产品中具有（　　）性的零部件。

A. 特殊　　　　　　　B. 互换　　　　　　　C. 一般　　　　　　　D. 普遍

49. 按图样完成的方法和使用特点，图样分为原图、底图、副底图、（　　）、CAD 图。

A. 复制图　　　　　　B. 复印图　　　　　　C. 翻印图　　　　　　D. 套印图

50. 图样和文件的编号一般有（　　）两大类。

A. 分类编号和隶属编号　　　　　　　　B. 分类编号和从属编号

C. 分级编号和隶属编号　　　　　　　　D. 分级编号和从属编号

（二）多项选择题：共 20 分，每题 1 分（请从备选项中选取正确答案填写在括号中。错选、漏选均不得分，也不反扣分）

51. 制图国家标准规定，以下（　　）为图纸优先选用的基本幅面尺寸。

A. A0　　　　　　　　B. A5　　　　　　　　C. A6　　　　　　　　D. A3

E. A4

52. 机械图样中线型组别有 2，1.4，1.0，0.7，0.5，0.35，0.25 等，其中优先采用的线型组别是（   ）。

A. 2　　　　　　　　B. 1.0　　　　　　　C. 0.7　　　　　　　D. 0.5

E. 0.25

53. 图样中所注的尺寸，应另加说明的尺寸是（   ）。

A. 留有加工余量尺寸　　　　　　　　B. 最后完工尺寸

C. 加工参考尺寸　　　　　　　　　　D. 有关测量尺寸

E. 极限位置尺寸

54. 关于铅芯，下列叙述不正确的是（   ）。

A. "H" 表示软，"B" 表示硬　　　　B. "B" 表示软，"H" 表示硬

C. "R" 表示软，"Y" 表示硬　　　　D. "Y" 表示软，"R" 表示硬

E. "H" 表示软，"Y" 表示硬

55. 丁字尺由（   ）组成。

A. 尺头　　　　　　B. 竖尺　　　　　　C. 尺身　　　　　　D. 横尺

E. 工作边

56. 工程上常用的投影法有（   ）。

A. 正投影法　　　　B. 斜投影法　　　　C. 中心投影法　　　D. 平行投影法

E. 主要投影法

57. 关于斜投影法，下列叙述不正确的是（   ）。

A. 斜投影法的投射线与投影面相垂直　　B. 斜投影法的投射线与投影面相平行

C. 斜投影法的投射中心与投影线相垂直　D. 斜投影法的投射线与投影面相倾斜

E. 斜投影法的投射线与物体相倾斜

58. 零件按结构特点分类包括（   ）。

A. 轴套类　　　　　B. 齿轮类　　　　　C. 盘盖类　　　　　D. 叉架类

E. 箱壳类和薄板类

59. 关于 A 点的投影，下列叙述正确的是（   ）。

A. A 点的 V 面投影和 W 面投影的连线垂直于 OZ 轴

B. A 点的 V 面投影和 H 面投影的连线垂直于 OX 轴

C. A 点的 W 面投影和 H 面投影的连线垂直于 OY 轴

D. A 点的 V 面投影和 H 面投影的连线垂直于 OY 轴

E. A 点的 V 面投影和 H 面投影的连线垂直于 OZ 轴

60. 下列叙述正确的是（   ）。

    A. W 面的重影点 Y、Z 坐标相同

    B. W 面的重影点 X、Z 坐标相同

    C. W 面的重影点 X、Y 坐标相同

    D. V 面的重影点 X、Y 坐标相同

    E. V 面的重影点 X、Z 坐标相同

61. 直线上的点具有的投影特性是（   ）。

    A. 从属性   B. 隶属性   C. 定值性   D. 定量性

    E. 定比性

62. 关于投影面垂直线，下列叙述正确的是（   ）。

    A. 正垂线垂直于 V 面   B. 铅垂线垂直于 H 面

    C. 侧垂线垂直于 W 面   D. 正垂线垂直于 H 面

    E. 铅垂线垂直于 W 面

63. 关于换面法，下列叙述正确的是（   ）。

    A. 新投影面的设立必须与某一原投影面垂直

    B. 新投影面的设立是任意的

    C. 新投影面必须设立为有利于解题的位置

    D. 一次换面中，新投影面的设立必须与某一基本投影面垂直

    E. 新投影面的设立必须与某一原投影面平行

64. 关于圆柱截割，下列叙述正确的是（   ）。

    A. 截平面与圆柱轴线倾斜时，截交线的形状为椭圆

    B. 截平面与圆柱轴线倾斜时，截交线的形状为圆

    C. 截平面与圆柱轴线倾斜时，截交线的形状为直线

    D. 截平面与圆柱轴线垂直时，截交线的形状为圆

    E. 截平面与圆柱轴线垂直时，截交线的形状为椭圆

65. 组合体基本形体表面之间的连接关系可以分为（   ）。

    A. 共面   B. 不共面   C. 相切   D. 相交

    E. 相贴

66. 组合体的尺寸一般分以下几种（   ）。

    A. 定形尺寸   B. 定位尺寸   C. 工序尺寸   D. 总体尺寸

    E. 装配尺寸

67. 徒手绘图的应用场合有（   ）。

A. 设计初始反复比较方案　　　　　B. 现场测绘

C. 大会发言　　　　　　　　　　　D. 参观学习或交流讨论

E. 工作总结

68. 装配图中零件的（　　）等结构可省略不画。

A. 沟槽　　　　B. 凸台　　　　C. 凹坑　　　　D. 倒角

E. 螺纹

69. 常见的齿轮传动形式有（　　）。

A. 两交错轴之间传动的蜗杆蜗轮

B. 两交错轴之间传动的圆柱齿轮

C. 两相交轴之间传动的圆锥齿轮

D. 两平行轴之间传动的圆柱齿轮

E. 两相交轴之间传动的蜗杆蜗轮

70. 常用的销有（　　）。

A. 连接销　　　　B. 定位销　　　　C. 开口销　　　　D. 圆锥销

E. 圆柱销

（三）判断题：共 30 分，每题 1 分（正确的打"√"，错误的打"×"。错答、漏答均不得分，也不反扣分）

71. 爱岗敬业就是要不断学习，勇于创新。　　　　　　　　　　　（　　）

72. 积极进取就是要把尽心尽力做好本职工作变成一种自觉行为，具有从事制图员工作的自豪感和荣誉感。　　　　　　　　　　　　　　　　　　　（　　）

73. 铅芯有软、硬之分，"B"表示软，"H"表示硬。　　　　　　　（　　）

74. 圆规使用铅芯的硬度规格要比画直线的铅芯硬一级。　　　　　（　　）

75. 用平行投影法沿物体不平行于直角坐标平面的方向，投影到轴测投影面上所得到的投影称为轴测投影。　　　　　　　　　　　　　　　　　　（　　）

76. WORD 是目前我国比较流行的计算机绘图软件。　　　　　　（　　）

77. 用人单位以暴力、威胁或者非法限制人身自由的手段强迫劳动的，劳动者可以随时通知用人单位解除劳动合同。　　　　　　　　　　　　　　（　　）

78. 点 A 到 V 面的距离用 Y 坐标表示。　　　　　　　　　　（　　）

79. 平行于 H 面的直线称水平线。　　　　　　　　　　　　　（　　）

80. 一般位置直线，3 面投影的长度均小于实长。　　　　　　　（　　）

81. 铅垂线 AB 的投影 ab 积聚成一点。　　　　　　　　　　（　　）

82. 一般位置平面，两个投影反映实形。　　　　　　　　　　　（　　）

83. 侧垂面在 V 面投影为一斜线。（　　）

84. 换面法中，点的新投影到新投影轴的距离等于点的不变投影到旧轴的距离。（　　）

85. 换面法中新投影轴平行于直线的水平投影时，是求一般位置直线对 V 面的倾角。

（　　）

86. 求一般位置平面对 H 投影面的倾角时，新投影轴必须垂直于该平面内的一条水平线。（　　）

87. 徒手绘制基本体时，应先画出上下底面，再画出侧面的轮廓线。（　　）

88. 徒手绘制切割体或带有缺口、打孔的组合体时，应先画出完整的形体，然后再逐一进行开槽、打孔或切割。（　　）

89. UG NX 中，草图中的几何约束用于约束两个或多个对象之间的几何位置关系，也可以定义单个对象的几何位置关系。（　　）

90. 装配图中实心件被剖切平面通过其对称平面或轴线纵向剖切时，这些零件按不剖绘制。（　　）

91. 装配图中拆卸画法是假想沿某些零件的结合面剖切，被横剖的实心件不画剖面线，结合处须画上剖面线，且需注明"拆去××"。（　　）

92. 装配图中展开画法是假想按传动顺序将各个零件展开，画出其传动路线和装配关系的图。（　　）

93. 装配图中当剖切平面通过某些为标准产品的部件或该部件已由其他图形表示清楚时，可按不剖绘制。（　　）

94. 形位公差中特征项目符号由基准字母、圆圈、粗的短横线和连线组成。（　　）

95. 画轴测装配图，首先对装配体的装配关系要彻底了解。（　　）

96. 画整体轴测装配图的关键是正确确定各零件的基准。（　　）

97. 画轴测装配剖视图，一般先画装配体，再进行剖切。（　　）

98. 画轴测装配图，首先应保证速度。（　　）

99. UG NX 垂直装配约束用于约束两个对象的方向矢量彼此垂直。（　　）

100. 隶属编号其代号由产品代号和隶属号组成，中间以分号或斜线隔开。（　　）

三、高级操作技能模拟试卷（1）

试题 1. 草绘图形（10 分）

考核要求：

（1）准确按图样 1 尺寸绘图。

（2）删除多余的线条。

（3）将完成的图形以 Tasl. prt 存入考生自己的子目录。

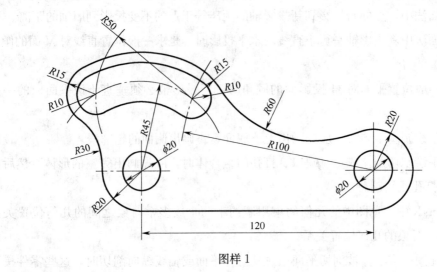

图样 1

试题 2. 创建三维模型（25 分）

考核要求：

（1）依据图样 2，按尺寸准确创建三维模型。

（2）将完成的图形以 Tas2. prt 存入考生自己的子目录。

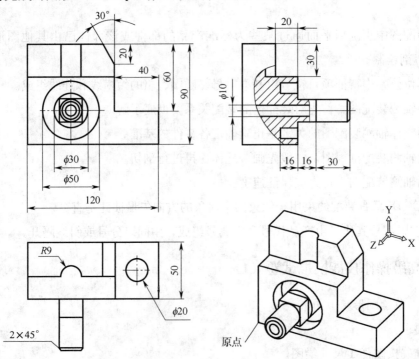

图样 2

试题 3. 生成零件工程图（25 分）

考核要求：

（1）按照图样 3，使用已创建好的实体模型按第一角画法创建零件工程图。

（2）零件结构表达清楚，布局合理美观。

（3）按照图样 3 标注尺寸及公差、形位公差、表面粗糙度、技术要求等。

（4）图框、标题栏正确完整。

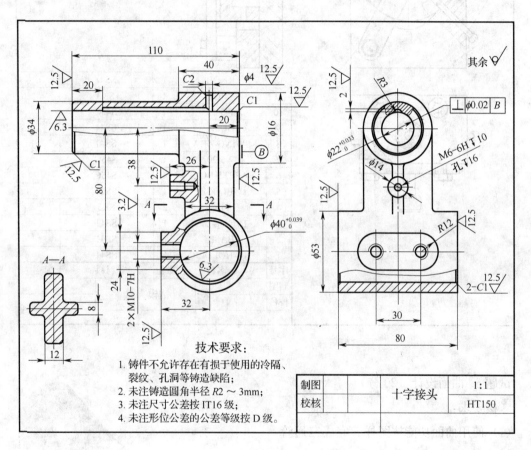

技术要求：

1. 铸件不允许存在有损于使用的冷隔、裂纹、孔洞等铸造缺陷；
2. 未注铸造圆角半径 R2 ～ 3mm；
3. 未注尺寸公差按 IT16 级；
4. 未注形位公差的公差等级按 D 级。

制图		十字接头	1:1
校核			HT150

图样 3

试题 4. 产品装配（20 分）

考核要求：

（1）将"装配模型"文件夹内的零件模型按图样 4 进行装配。

（2）装配位置、装配关系要正确，并且以 Tas4.prt 存入考生自己的子目录。

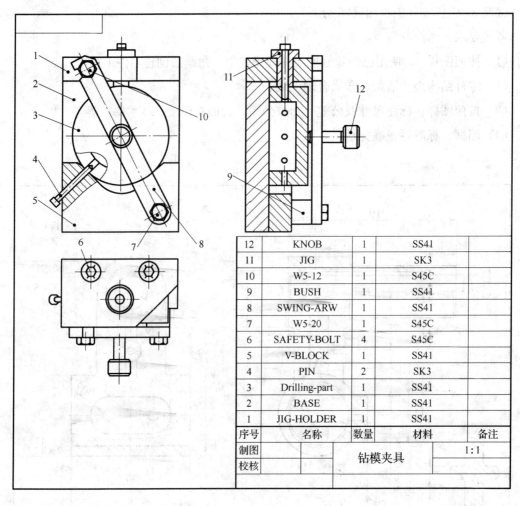

12	KNOB	1	SS41	
11	JIG	1	SK3	
10	W5-12	1	S45C	
9	BUSH	1	SS41	
8	SWING-ARW	1	SS41	
7	W5-20	1	S45C	
6	SAFETY-BOLT	4	S45C	
5	V-BLOCK	1	SS41	
4	PIN	2	SK3	
3	Drilling-part	1	SS41	
2	BASE	1	SS41	
1	JIG-HOLDER	1	SS41	
序号	名称	数量	材料	备注
制图			钻模夹具	1:1
校核				

图样 4

试题 5. 曲面设计（20 分）

考核要求：

（1）使用曲面功能按图样 5 完成三通管模型的造型设计。

（2）将完成后的模型以 Tas5.prt 存入考生自己的子目录。

注：三通管三个孔的直径均为 $\phi30$。

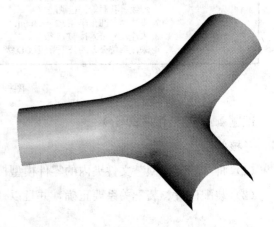

图样 5

四、高级操作技能模拟试卷（2）

试题1. 草绘图形（10分）

考核要求：

（1）准确按图样1尺寸绘图。

（2）删除多余的线条。

（3）将完成的图形以 Tasl. prt 存入考生自己的子目录。

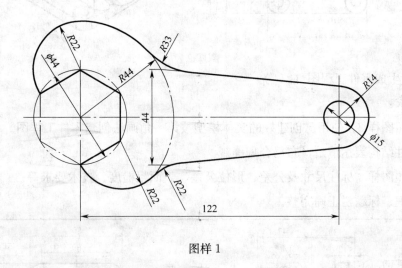

图样1

试题2. 创建三维模型（25分）

考核要求：

（1）依据图样2，按尺寸准确创建三维模型。

（2）将完成的图形以 Tas2. prt 存入考生自己的子目录。

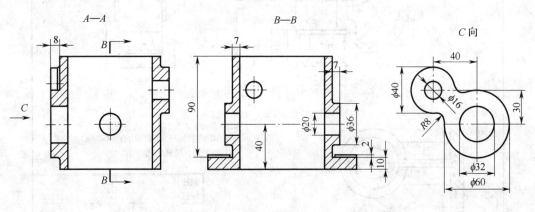

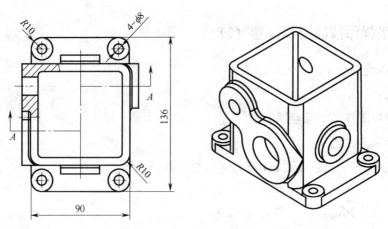

图样 2

试题 3. 生成零件工程图（25 分）

考核要求：

（1）按照图样 3，使用已创建好的实体模型按第一角画法创建零件工程图。

（2）零件结构表达清楚，布局合理美观。

（3）按照图样 3 标注尺寸及公差、形位公差、表面粗糙度、技术要求等。

（4）图框、标题栏正确完整。

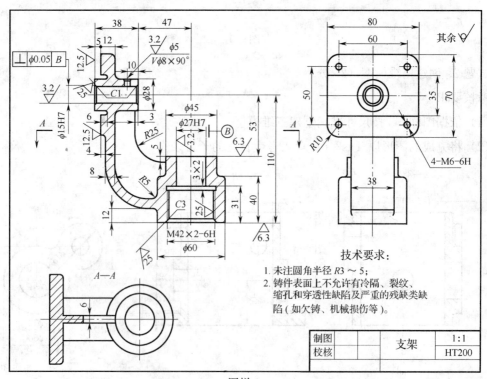

技术要求：

1. 未注圆角半径 R3 ~ 5；
2. 铸件表面上不允许有冷隔、裂纹、缩孔和穿透性缺陷及严重的残缺类缺陷（如欠铸、机械损伤等）。

| 制图 | | 支架 | 1:1 |
| 校核 | | | HT200 |

图样 3

试题 4. 产品装配（20 分）

考核要求：

（1）将"装配模型"文件夹内的零件模型按图样 4 进行装配。

（2）装配位置、装配关系要正确，并且以 Tas4.prt 存入考生自己的子目录。

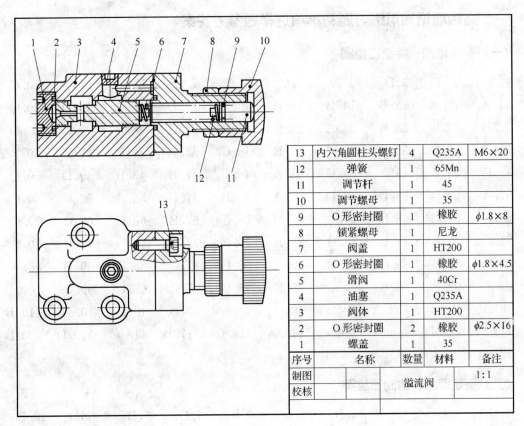

13	内六角圆柱头螺钉	4	Q235A	M6×20
12	弹簧	1	65Mn	
11	调节杆	1	45	
10	调节螺母	1	35	
9	O 形密封圈	1	橡胶	φ1.8×8
8	锁紧螺母	1	尼龙	
7	阀盖	1	HT200	
6	O 形密封圈	1	橡胶	φ1.8×4.5
5	滑阀	1	40Cr	
4	油塞	1	Q235A	
3	阀体	1	HT200	
2	O 形密封圈	2	橡胶	φ2.5×16
1	螺盖	1	35	
序号	名称	数量	材料	备注
制图		溢流阀		1:1
校核				

图样 4

试题 5. 曲面设计（20 分）

考核要求：

（1）使用曲面功能按图样 5 完成足球模型的造型设计。

（2）将完成后的模型以 Tas5.prt 存入考生自己的子目录。

图样 5

第五节　参考答案

一、高级理论知识练习题：单项选择题参考答案

（一）鉴定范围：绘制二维图

1. A	2. A	3. D	4. A	5. C	6. A	7. C	8. C	9. A	10. C
11. A	12. A	13. B	14. B	15. B	16. D	17. D	18. A	19. D	20. C
21. D	22. D	23. B	24. A	25. C	26. B	27. C	28. B	29. C	30. D
31. D	32. D	33. D	34. C	35. B	36. C	37. A	38. C	39. B	40. B
41. D	42. B	43. C	44. C	45. A	46. C	47. B	48. B	49. D	50. D
51. A	52. B	53. D	54. C	55. A	56. B	57. D	58. A	59. B	60. C
61. D	62. D	63. B	64. D	65. D	66. C	67. B	68. C	69. C	70. C
71. C	72. B	73. B	74. B	75. A	76. C	77. C	78. C	79. B	80. C
81. D	82. B	83. C	84. D	85. A	86. D	87. C	88. D	89. D	90. A
91. A	92. B	93. B	94. C	95. B	96. C	97. A	98. C	99. C	100. C
101. C	102. B	103. A	104. D	105. C	106. A	107. C	108. C	109. A	110. B
111. A	112. D	113. A	114. C	115. A	116. C	117. B	118. C	119. D	120. D
121. B									

（二）鉴定范围：绘制三维图

1. C	2. B	3. C	4. B	5. D	6. B	7. C	8. B	9. B	10. B
11. A	12. C	13. C	14. B	15. B	16. B	17. D	18. D	19. D	20. D
21. B	22. C	23. A	24. C	25. C	26. A	27. A	28. C	29. D	30. D
31. A	32. B	33. A	34. D	35. A	36. B	37. A			

（三）鉴定范围：图档管理

1. D	2. C	3. B	4. C	5. D	6. C	7. B	8. D	9. D	10. A

二、高级理论知识练习题：判断题参考答案

（一）鉴定范围：绘制二维图

1. ×	2. ×	3. √	4. ×	5. ×	6. √	7. ×	8. ×	9. ×	10. ×
11. √	12. √	13. √	14. ×	15. √	16. ×	17. √	18. ×	19. ×	20. ×

21. √　22. ×　23. ×　24. ×　25. √　26. ×　27. √　28. ×　29. ×　30. √

31. ×　32. √　33. √　34. √　35. ×　36. √　37. √　38. √　39. ×　40. ×

41. √　42. √　43. √　44. ×　45. ×　46. √　47. √　48. √　49. √　50. √

51. √　52. ×　53. √　54. ×　55. ×　56. √　57. √　58. √　59. √　60. √

61. ×　62. √　63. √　64. √　65. ×　66. √　67. √　68. √　69. ×　70. √

71. √　72. √　73. √　74. ×　75. √　76. √　77. √　78. √　79. √　80. √

81. ×　82. √　83. √　84. √　85. √　86. √　87. √　88. √　89. ×　90. √

91. ×　92. √　93. √　94. √　95. √　96. √　97. √　98. √　99. √　100. ×

101. ×　102. √　103. √　104. √　105. √　106. √　107. √　108. ×　109. √　110. ×

111. ×　112. ×　113. √　114. ×　115. √

（二）鉴定范围：绘制三维图

1. ×　2. √　3. √　4. √　5. √　6. ×　7. ×　8. √　9. √　10. ×

11. √　12. ×　13. √　14. √　15. √　16. √　17. ×　18. √　19. √　20. ×

21. ×　22. √　23. √　24. √　25. ×　26. √　27. √　28. √　29. √　30. √

31. ×　32. √　33. ×　34. √　35. √　36. √　37. ×　38. √　39. √　40. √

41. √　42. √　43. √

（三）鉴定范围：图档管理

1. √　2. ×　3. ×　4. √　5. ×　6. √　7. √　8. √　9. ×　10. √

三、高级理论知识练习题：多项选择题参考答案

（一）鉴定范围：基础知识

1. ADE　　　2. ACE　　　3. CD　　　4. ABE　　　5. BCDE

6. BCDE　　　7. DE　　　8. ACDE　　　9. ABCE　　　10. BCD

11. BCDE　　　12. AB　　　13. AC　　　14. BCDE　　　15. ACDE

16. CD　　　17. AC　　　18. BDE　　　19. AE　　　20. DE

21. AE　　　22. BE　　　23. ACDE　　　24. BCD　　　25. BC

26. ABCD

（二）鉴定范围：绘制二维图

1. ACDE　　　2. ACD　　　3. AE　　　4. ADE　　　5. AE

6. AD　　　7. ABC　　　8. ABC　　　9. ACE　　　10. AD

11. ABC　　　12. ABC　　　13. ACD　　　14. AB　　　15. AD

16. AE   17. AD   18. AD   19. ACE   20. ABCD
21. ACDE   22. ABD   23. ABDE   24. ABD   25. ACD
26. ACE   27. AC   28. AB   29. BCDE   30. ABCD
31. ABCD   32. ACD   33. ABC   34. CDE   35. ACDE

四、模拟试卷参考答案

（一）高级理论知识模拟试卷（1）参考答案

1. A   2. A   3. A   4. D   5. A   6. B   7. B   8. D   9. B   10. C
11. C   12. A   13. A   14. A   15. A   16. A   17. C   18. B   19. C   20. B
21. D   22. B   23. D   24. B   25. A   26. C   27. D   28. A   29. A   30. A
31. A   32. B   33. B   34. B   35. D   36. D   37. A   38. C   39. A   40. B
41. B   42. C   43. D   44. D   45. B   46. B   47. B   48. D   49. A   50. C
51. BDE   52. ADE   53. BCDE   54. AB   55. ACDE
56. AE   57. ACDE   58. ABCD   59. AE   60. ADE
61. AD   62. ACE   63. ACDE   64. BE   65. DE
66. ABDE   67. ACE   68. ABCD   69. ABC   70. ACDE
71. √   72. √   73. ×   74. ×   75. ×   76. √   77. ×   78. √   79. √   80. √
81. √   82. ×   83. √   84. ×   85. ×   86. √   87. √   88. √   89. √   90. ×
91. √   92. ×   93. √   94. ×   95. √   96. √   97. ×   98. √   99. √   100. √

（二）高级理论知识模拟试卷（2）参考答案

1. A   2. C   3. A   4. C   5. A   6. B   7. A   8. B   9. D   10. D
11. B   12. A   13. D   14. D   15. A   16. A   17. D   18. C   19. D   20. C
21. C   22. D   23. D   24. C   25. A   26. D   27. A   28. A   29. A   30. A
31. C   32. C   33. A   34. A   35. C   36. A   37. A   38. C   39. C   40. B
41. A   42. B   43. C   44. C   45. A   46. A   47. D   48. B   49. B   50. A
51. ADE   52. CD   53. ACDE   54. ACDE   55. AC
56. CD   57. ABCE   58. ACDE   59. ABC   60. AE
61. AE   62. ABC   63. ACD   64. AD   65. ABCD
66. ABD   67. ABD   68. ABCD   69. ACD   70. CDE
71. ×   72. ×   73. √   74. ×   75. √   76. ×   77. √   78. √   79. √   80. √
81. √   82. ×   83. ×   84. ×   85. ×   86. √   87. √   88. √   89. √   90. √
91. ×   92. ×   93. √   94. ×   95. √   96. ×   97. √   98. ×   99. √   100. ×

参 考 文 献

1. 徐建成，宗士增. 工程制图［M］. 北京：国防工业出版社，2003.

2. 李爱华，杨启美. 工程制图基础（第二版）［M］. 北京：高等教育出版社，2003.

3. 杨启美，王小玲. 工程制图基础习题集［M］. 北京：高等教育出版社，2003.

4. 尚凤武. 制图员（机械类）［M］. 北京：机械工业出版社，2007.

5. 邹锦波，张信群. 制图员认证考试培训教程［M］. 合肥：安徽科学技术出版社，2008.

6. 胡建生. 中、高级制图员（机械类）知识测试考试指导［M］. 北京：化学工业出版社，2007.

7. 尚凤武. 制图员国家职业资格培训教程（初级）［M］. 北京：中央广播电视大学出版社，2003.

8. 尚凤武. 制图员国家职业资格培训教程（中级）［M］. 北京：中央广播电视大学出版社，2003.

9. 尚凤武. 制图员国家职业资格培训教程（高级）［M］. 北京：中央广播电视大学出版社，2003.

10. 大连理工大学工程图教研室. 机械制图（第四版）［M］. 北京：高等教育出版社，1999.

11. 刘东燊，朱向丽. 工程图学基础［M］. 北京：人民邮电出版社，2006.

12. 张萌克. 机械制图［M］. 北京：机械工业出版社，2006.